Das
Hunde-
Versteher-
Buch

SOPHIE COLLINS

Das
Hunde-
Versteher-
Buch

Verhalten, Training, Gesundheit

DK

DORLING KINDERSLEY

Inhalt

Einleitung

Vor fünfzig Jahren hätte ein Buch zu diesem Thema anders ausgesehen. Es hätte sich hauptsächlich mit Gehorsamkeitstraining von Hunden beschäftigt und Grundlagen wie Fütterung und Gesundheitspflege behandelt. In den letzten Jahrzehnten fand im Umgang mit unseren Haustieren ein Umdenken statt. Dazu trugen umfangreiche Untersuchungen und neu gewonnene Erkenntnisse über das Verhalten von Hunden bei. Heute behandelt man Haushunde als Tiere mit individuellem Charakter. Sie sollen nach Methoden trainiert werden, die nicht auf Bestrafung basieren, sondern mit Verstand und Motivation arbeiten. Dies wäre vor einem halben Jahrhundert nicht selbstverständlich gewesen.

Allgemein bekannt ist, dass Hunde von Wölfen abstammen (tatsächlich ist die DNA von Hunden und Wölfen so ähnlich, dass sie als eine Art gelten). Den meisten nicht bekannt ist der außergewöhnliche Grad der Anpassung, den unsere Haushunde seit damals erreicht haben. Oft wird behauptet, dass Hunde in einer menschlichen Welt leben. Wenn man die Bedeutung dieser Aussage bedenkt, erkennt man erst, welche herausragende Leistung das ist.

Hunde verstehen unsere Sprache nicht. Sie können nur lernen, bestimmte Worte mit bestimmten Objekten oder Handlungen in Verbindung zu bringen. Unsere Körpersprache unterscheidet sich so sehr von ihrer, dass sie ihnen unerklärlich ist – dasselbe gilt auch für unser Ver-

halten. Unsere Welt ist vor allem sprachorientiert, während die Welt der Hunde auf die verschiedenen Sinne – primär den Geruchssinn – ausgerichtet ist. Wir gestalten die Welt nach unserem Belieben und erwarten von den Hunden, dass sie sich einfügen. Viele Hunde sind zu einem treuen Weggefährten der Menschen geworden, die ihren Haustieren im Gegenzug Wertschätzung und Zuneigung entgegenbringen.

Damit das Zusammenleben zwischen Hund und Mensch optimal funktioniert, lohnt es sich, die grundlegenden Aspekte des Hundeverhaltens zu verstehen – zumindest so viel davon, dass Sie erkennen, ob Ihr Hund fröhlich, ängstlich, besorgt oder wütend ist. Das Kapitel über Hundeverhalten beschäftigt sich mit der Körpersprache des Hundes. Die Signale, die Hunde uns und ihren Artgenossen senden, sind subtil und können leicht übersehen werden. Sie erfahren, wie Sie mit Ihrem Hund in seiner Sprache kommunizieren, anstatt von ihm zu verlangen, Ihre zu deuten und darauf zu reagieren.

Bei der Wahl Ihres Hundes sollten Sie Merkmale wie Temperament, Bewegungsdrang, Größe, Pflege und Fütterung berücksichtigen. Nur dann werden Sie eine glückliche und ausgeglichene Beziehung zu Ihrem Hund aufbauen können. Im zweiten Kapitel erfahren Sie, was Sie bei der Auswahl Ihres Hundes beachten sollten. Egal ob Sie sich für einen Welpen oder ein erwachsenes Tier, einen Rassehund oder eine Prome-

nadenmischung aus dem Tierheim entscheiden: Die in diesem Buch angebotenen Informationen werden Ihnen bei Ihrer Entscheidung helfen.

Wenn Sie zum ersten Mal einen Hund als Haustier haben, werden Sie vermutlich zu Beginn nicht genau wissen, was Sie beachten müssen – angefangen von der Auswahl des passenden Futters bis zur richtigen Erziehung. Das dritte Kapitel »Grundlagen der Hundehaltung« beschäftigt sich mit der Frage, wie Sie von Anfang an mit dem Neuankömmling richtig umgehen. Sie erfahren, wie Sie Ihren Hund behutsam auf neue Erfahrungen vorbereiten und das eine oder andere Problem lösen können. Auch Informationen zu Fütterung und Pflege finden Sie in diesem Kapitel.

Nachdem sich Ihr Hund in seinem neuen Zuhause eingelebt hat, muss er richtig trainiert werden. Das vierte Kapitel beschäftigt sich mit verschiedenen Trainingsmethoden und der Frage, wie Sie Ihren Hund nach Ihren Wünschen erziehen können. Wir beschäftigen uns mit unterschiedlichen Verhaltensmustern von Hunden und zeigen Ihnen, wie Sie Ihrem Hund verständlich machen, was Sie von ihm möchten. Wichtig ist auch, dass Sie mit Ihrem Hund respektvoll umgehen. Fragen und Probleme, die sich beim Training ergeben können – vom unerlässlichen (bei Fuß gehen, bleiben) bis zum vergnüglichen (Spiele und Tricks) Teil – werden ebenfalls im vierten Kapitel behandelt. Zusätzlich werden verschiedene Möglichkeiten, wie Sie Ihren Hund optimal beschäftigen, aufgezählt und erklärt. Viele Hunde haben mehr Elan, als ihre Besitzer glauben. Oft wird behauptet, dass Hunde selbst überzeugte Stubenhocker in begeisterte Spaziergänger verwandeln können. Vielleicht profitieren auch Sie vom Bewegungsdrang Ihres Hundes.

Im fünften Kapitel dreht sich alles um die Gesundheit Ihres Hundes. Die Grundlagen der Haustierpflege werden erklärt und diverse medizinische Möglichkeiten aufgezählt. Ob es um die Wahl des richtigen Tierarztes oder um Parasitenbekämpfung geht, in diesem Kapitel erhalten Sie die nötigen Informationen. Auch alternative Behandlungsmethoden und Therapien, von Chiropraktik bis Homöopathie, werden besprochen. Schließlich erfahren Sie, wie Sie Ihren Hund bis zu seinem Lebensende begleiten und mit dem – mitunter schwer erträglichen, aber unvermeidlichen – Abschied von Ihrem Vierbeiner umgehen.

Ob Sie nun das Buch zur Gänze lesen, um einen umfassenden Überblick über gute Hundehaltung zu bekommen, oder es als Nachschlagewerk benutzen: Es enthält alle wichtigen Informationen, die Sie zur richtigen Wahl und Pflege Ihres Hundes benötigen.

Hundeverhalten

Hunde haben sich so in unseren Alltag eingefügt, dass man in vielen ihrer Verhaltensweisen mitunter menschliche Züge zu erkennen glaubt. Daher unterliegen wir oft dem Irrtum, sie seien uns ähnlich. Wenn Sie das Verhalten von Hunden als etwas Eigenständiges betrachten, werden Sie verstehen, wie und warum Hunde sich so in der Wildnis und der modernen, häuslichen Umgebung verhalten, und Sie werden als Hundehalter enorm davon profitieren.

Früher war die Annahme weithin verbreitet, dass das Rudelverhalten innerhalb der Verbände von Wölfen und Wildhunden auf »aggressiven« und »unterwürfigen« Charakteren beruhe. Jüngste Studien haben jedoch gezeigt, dass Hunde geschickte Verhandler sind und dass Rudelmitglieder je nach den anstehenden Aufgaben sowie ihren individuellen Persönlichkeiten und Stärken unterschiedliche Rollen übernehmen.

Aufgrund dieser Studien erfolgte ein starkes Umdenken beim Hundetraining und bei der Einbindung der Hunde als Haustiere in den Haushalt. Dieses Kapitel beschäftigt sich mit der Geschichte des Hundes, charakteristischem Hundeverhalten sowie mit der Körpersprache des Hundes.

Die Vielfalt an Hunden

Alle »zahmen« Hunde gehören einer Säugetierart an – *Canis lupus familiaris*. Doch vom Deutschen Schäferhund bis zum Chihuahua hat sich eine solche Vielfalt herausgebildet, dass man glaubt, es handle sich um Dutzende unterschiedliche Arten.

Würde man rund ein Dutzend verschiedene Haushunderassen für 20 Generationen ohne Eingreifen des Menschen sich selbst überlassen, würden sich diese untereinander paaren und eine neue Generation mit mehr oder minder typischem Aussehen hervorbringen. Vorbei wäre es mit der enormen Vielfalt der äußeren Charakteristika von Hunden, die uns heute so fasziniert. Diese Mischlingshunde würden wahrscheinlich rund

16 bis 18 Kilogramm wiegen, ein lohfarbenes Fell und jene ausgeglichene, massive Silhouette aufweisen, die noch heute typisch für viele Arbeitshunde wie Border Collies ist. Im Lauf der Jahrhunderte haben die Hunde einen so starken Wandel vollzogen, dass manche Rassen heute kaum mehr als jenes Tier erkennbar sind, das einst für die ersten Jäger und Sammler als unentbehrlich galt.

HAUSHUNDE

Seit Jahrtausenden hat sich der Hund als Wegbegleiter des Menschen bewährt. Unklar ist, ob Hunde, wie ursprünglich angenommen, tatsächlich direkte Nachfahren von Wölfen sind oder ob die beiden einen frühen Caniden als gemeinsamen Vorfahren haben. Heute zählen zu den Verwandten des Hundes Schakale, Kojoten und Dingos sowie der Afrikanische und Asiatische Wildhund.

Links: **Als Säugetiere ernähren Hunde ihren Wurf mit Milch. Welpen können in der Regel bis zum vierten oder fünften Monat nicht für sich selbst sorgen.**

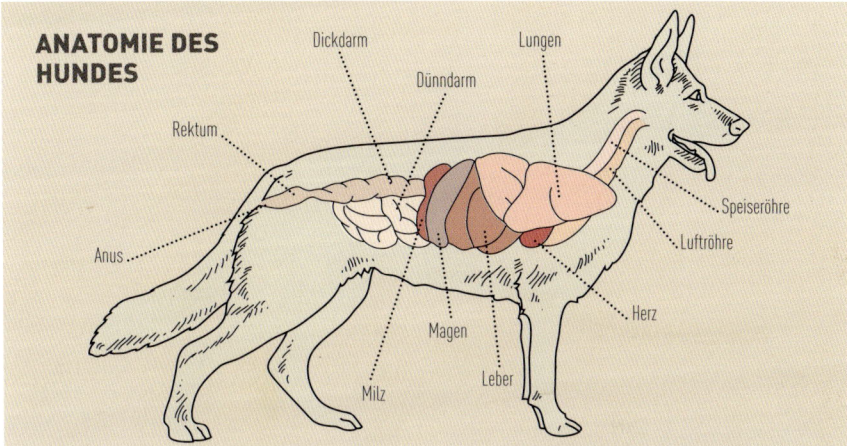

ANATOMIE DES HUNDES

- Dickdarm
- Lungen
- Dünndarm
- Rektum
- Speiseröhre
- Luftröhre
- Anus
- Herz
- Magen
- Milz
- Leber

Verhaltensforschern zufolge scheinen den Wölfen, obwohl sie einen Großteil des instinktiven Verhaltens mit Hunden gemeinsam haben, viele hundeähnliche Attribute zu fehlen. Anders gesagt, erwachsene Hunde verhalten sich mehr wie junge als erwachsene Wölfe.

Durch die Domestizierung von Hunden scheint eine Neotenie erfolgt zu sein, ein Phänomen, bei dem erwachsene Tiere ihr ganzes Leben lang sowohl im Aussehen als auch Verhalten viele Charakteristika von Jungtieren beibehalten. Beispiele dafür sind die Hängeohren, die bei vielen Haushunderassen zu sehen sind, und die Tatsache, dass Hunde ihr ganzes Leben lang spielen und nicht nur als Junge.

Wie genau es möglich war, Hunde so vielfältig zu züchten, ist unklar. Der Hund ist die einzige Art mit diesem Charakteristikum. Katzen etwa, die seit Jahrhunderten für ein bestimmtes Aussehen und Wesen gezüchtet werden, sind weiterhin viel leichter als solche erkennbar.

URINSTINKT Spezialisten auf vier Beinen

Das Bemerkenswerteste am Haushund ist wahrscheinlich die Vielzahl an speziellen Aufgaben, die er bei entsprechendem Training übernehmen kann. Hunde wurden eigens dafür gezüchtet, Tiere zu jagen, Pferdekutschen zu begleiten oder als Schoßhund königliche Familienmitglieder zu unterhalten. Der Preis für das sonderbarste Rollenverhalten geht wohl an den Nova Scotia Duck Tolling Retriever, der dazu abgerichtet wurde, in seichten Gewässern eines Sees durch sein Herumtollen die Neugierde der Enten zu erwecken. Die Enten nähern sich dem Geschehen und werden, sobald sie in Schussweite sind, abgeschossen.

Hunde in der Wildnis

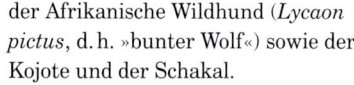

Einst hielt man Hunde mehr oder weniger für gezähmte Wölfe. Heute werden ihre Ursprünge als weitaus komplexer betrachtet und viele Fragen über die Geschichte der Beziehung zwischen Mensch und Hund bleiben weiterhin unbeantwortet.

WILD VS. DOMESTIZIERT

Viele setzen wilde Hunde mit Wildhunden gleich, obwohl wilde Hunde herumstreunende Exemplare von *Canis lupus familiaris* sind, die keine Besitzer haben und in der Nähe von Siedlungen leben. Sie durchstöbern Abfälle und schlagen sich geschickt durchs Leben. Die echten verbliebenen wilden Mitglieder der Hundefamilie gehören einer anderen Art als diese Hunde an (die wir als Haustiere halten). Zu den Wildhunden gehören der Australische Dingo, der Rothund (als Asiatischer Wildhund bekannt) und

der Afrikanische Wildhund (*Lycaon pictus*, d. h. »bunter Wolf«) sowie der Kojote und der Schakal.

Obwohl Haushunde fast dieselbe DNA wie Wölfe haben (sodass sie in wissenschaftlicher Hinsicht als dieselbe Art gelten), gibt es doch starke Unterschiede in ihrem Verhalten. Entwicklungsforscher nehmen heute an, dass bei der Entwicklung vom wilden Wolf zum zahmen Hund eine Übergangsphase erfolgte.

Ihrer Ansicht nach stammen die Begleithunde, die wir heute als Haustiere halten, von einem halbwilden Hund ab, der nach und nach von menschlichen Siedlungen abhängig wurde, zunächst im Hinblick auf Nahrung und, nachdem er sich als Wachhund nützlich erwiesen hatte, schließlich auch im Hinblick auf Zuflucht. Dennoch hilft uns das Verhalten von Wildhunden, das Wesen von Haushunden zu verstehen.

Links: **Wie andere Wildhunde ist der Rothund (Asiatischer Wildhund) eine andere Art als die Hunde, die wir als Haustiere halten oder die zu Streunern oder »wilden« Hunden wurden.**

Oben: **Viele Wildhunde wie Dingos leben in Rudeln, die aus einer Großfamilie, oft mit einem Paar im Mittelpunkt, bestehen.**

SOZIALVERHALTEN

Das Leben als Mitglied einer sozialen Gruppe erfordert stets ein komplexes Verhalten. Es wird zu Unrecht angenommen, dass das Leben in der Wildnis mit ständigen Kämpfen einhergeht. Die meisten Hundebesitzer kennen das Konzept vom Alpha-Hund, der seine Position nur mit Zähnen und Klauen und durch ständigen Beweis seines Status gegenüber den niedrigerrangigen Rudelmitgliedern verteidigt.

Tatsache ist, dass das Leben in der Wildnis allein schon genug Herausforderung ist, sodass kaum Platz für Konflikte innerhalb des Rudels bleibt. Der Status Quo im Rudel wird generell mit viel subtileren Taktiken und nuancierterem Verhalten als mittels Kampf jeder gegen jeden aufrechterhalten. In

Untersuchungen über den Afrikanischen Wildhund stellte sich heraus, dass die Welpen und die Älteren im Rudel aktiv von den stärkeren und leistungsfähigeren Rudelmitgliedern versorgt werden. In Studien über Wolfsrudel zeigte sich eine komplizierte und höchst kooperative Gemeinschaft, in der jedes Mitglied jene Rolle übernimmt, für die es am besten geeignet ist.

RANGORDNUNG

Das bedeutet nicht, dass es keinerlei Rangkämpfe in Wildhundrudeln gibt, sondern dass die Ermittlung des Ranges auf anderem Wege als durch Akte roher Gewalt erfolgt.

In Wahrheit entstehen die meisten Auseinandersetzungen zwischen Hunden, die einen mittleren Rang innerhalb des Rudels einnehmen. Die Tiere am obersten und untersten Ende der Rangordnung scheinen im Allgemeinen ihre Position innerhalb der Hackordnung zu akzeptieren.

Leben im Rudel

Was können wir aus der Beobachtung der sozialen Interaktion zwischen Hunden lernen, die in einem Verband leben? Als soziale Tiere passen sich Hunde geschickt an die menschliche Umwelt an, doch mitunter kommt auch ihr ursprüngliches Wesen durch.

Viele Hundetrainer und Verhaltensforscher beschäftigen sich mit der Frage, wie wir uns unseren Hunden verständlich machen und ihr Verhalten deuten können. Wenn wir beides lernen, stehen die Chancen gut, dass unser Haustier glücklich ist und versteht, was von ihm verlangt wird – da wir genug »Hundesprache« sprechen, um es ihm vermitteln zu können.

ERMITTLUNG DES STATUS

Sogenannte Alpha-Hunde sind von Natur aus Anführer. Sie sind durchsetzungsfähig und besonnen; als Mensch würde man ihnen gute Führungsqualitäten nachsagen. Alpha-Hunde begegnen den Machtansprüchen eines Gegners schnell und ohne Umschweife, indem sie ihre Stärke oder Souveränität demonstrieren. Sie haben keine Selbstzweifel und ihre Position wird daher auch von niedriger stehenden Hunden akzeptiert. Wenn Hundetrainer davon sprechen, dass die Besitzer Führungsqualitäten zeigen sollen, meinen sie genau das: unmissverständliches, selbstbewusstes und leicht deutbares Verhalten.

Bei allen Kämpfen innerhalb eines Rudels sind meist Hunde involviert, die die Macht anstreben, aber nicht über das natürliche Selbstvertrauen verfügen, dieses zu vermitteln. Wenn es Ihrem Tier manchmal an Selbstvertrauen fehlt, es aber dennoch statusbewusst ist, müssen Sie besonders darauf achten, konsequent zu bleiben, damit Sie Ihre Rolle als Führer beibehalten. Nicht alle Hunde sind so statusbewusst – manche nehmen freiwillig im Rudel niedrigere Ränge ein, ohne dass es ihnen etwas ausmachen würde bzw. ohne je einen höheren Rang anzustreben. Wie statusbewusst

URINSTINKT **Ängstlichkeit**

Ängstlichkeit bei Hunden begegnet man am besten mit einem deutlichen, standhaften und freundlichen Führungsverhalten. Es deutet einiges darauf hin, dass weniger selbstsichere Hunde ängstlich werden, wenn sie das Gefühl haben, Dinge regeln zu müssen. Sie fühlen sich entspannter, wenn diese Option nicht besteht.

ein Hund ist, hängt von seiner Persönlichkeit und anderen Faktoren ab. Wir alle kennen sanftmütige, gelassene Haustiere, die jedem Konflikt lieber aus dem Weg gehen.

Sowohl im Rudel als auch zu Hause ist der Umgang mit dem Hund am schwierigsten, der ein besonders ausgeprägtes Statusbewusstsein gepaart mit Ängsten über seine eigene Position hat. Sein Mangel an Selbstvertrauen verleitet ihn womöglich dazu, um seine Position zu rangeln und sein Glück herauszufordern (sowohl bei Ihnen als Besitzer als auch bei anderen Hunden).

Innerhalb eines Rudels, das nach Nahrung suchen und ums Überleben kämpfen muss, hätte er weniger Gelegenheit, sich mit seinem Status zu beschäftigen, da ihm die Zeit dazu fehlt. Im häuslichen Verband jedoch

Oben: **Der Wachinstinkt, der bei den meisten Haushunden noch stark ausgeprägt ist, zeigt sich besonders stark bei Dingen wie Futter, Zuhause (der »Bau«) und Spielzeug.**

muss der zahme Verwandte dieser Wildhunde mitunter vom Anführer – seinem Besitzer – beschäftigt werden, damit er sich nicht zu sehr mit der Statusfrage auseinandersetzen kann.

Rechts: **Wölfe und Hunde in der Wildnis verwenden nicht viel Zeit für Kämpfe – das Überleben ist schon so hart genug. Stattdessen wird der Status auf viel subtilere Weise ermittelt, zum Beispiel mithilfe selbstsicherer Körpersprache.**

AUFWACHSEN

Innerhalb des Hundeverbands wird ein Welpe automatisch durch erwachsene Tiere und andere Welpen sozialisiert. Die Erziehung erfolgt zunächst durch die Mutter des Welpen, dann durch andere erwachsene Hunde, die den Welpen für ungezogenes Benehmen maßregeln – und das mitunter auch energisch.

Auf Menschen wirkt diese Züchtigung oft brutal – der erwachsene Hund knurrt, macht einen Satz vorwärts und schnappt zu –, doch die Welpen nehmen dabei, wie lautstark es auch zugehen mag, selten Schaden. Aufgrund der Anwesenheit anderer Jungen im Wurf muss jeder Welpe teilen – Nahrung und natürlich Spielsachen –, sodass Welpen lernen, mit Frustrationen, Rückschlägen und neuen Erfahrungen umzugehen.

Bei Haushunden erfolgt dieser Reifeprozess unter künstlicheren Bedingungen. Wird ein Welpe zum Zeitpunkt des Abstillens von seiner

Oben: **Die Sozialisation eines Welpen erfolgt durch Spiele (oder Rangeleien) mit anderen Welpen. Dadurch lernt er, zu geben und zu nehmen, sodass er als Erwachsener besser mit Frustration umgehen kann.**

Mutter getrennt (meist im Alter von acht Wochen) und in einen Haushalt gebracht, wo er der einzige Hund in einem »Rudel« aus Menschen ist, ist bei seiner wichtigsten Sozialisierungsphase, die etwa im Alter zwischen acht und 16 Wochen erfolgt, besondere Achtsamkeit geboten.

In diesem Alter nehmen Welpen eine Unmenge an Eindrücken auf und lassen diese in ihr zukünftiges Verhalten einfließen. Das bedeutet, dass sowohl schlechte als auch gute Erfahrungen starke Auswirkungen haben können und mitunter darüber entscheiden, ob sich der Welpe zu einem Hund entwickelt, der das Beste von unbekannten Menschen und Ereignissen erwartet, oder zu einem eher ängstlichen Hund, der Neuem mit Misstrauen begegnet.

DIE ENTWICKLUNG

In der Wildnis sammeln Welpen ihre Erfahrungen innerhalb eines größeren Verbandes. Bei Haushunden kann die Sozialisierung weniger erfolgreich sein (es sei denn, sie erfolgt durch einen besonders sorgsamen Besitzer). Natürlich machen Wildhunde nicht nur positive Erfahrungen. So weisen etwa der Asiatische und Afrikanische Wildhund eine hohe Sterblichkeitsrate unter Welpen und erwachsenen Tieren auf. Doch allein die Tatsache, dass ein Welpe Teil einer Gemeinschaft aus Artgenossen ist, wird mehr zu seiner Entwicklung beitragen als das Zusammenleben mit Menschen.

Weiter hinten im Buch finden Sie Tipps zu einem praktischen Sozialisierungsprogramm für Welpen (siehe Seiten 86–87). Besonders wichtig ist es, ständig jenes Verhalten zu verstärken, das Sie sehen möchten, d. h. ein ruhiger, mutiger Umgang mit unbekannten Objekten, Menschen oder Situationen. Ein ängstlicher Welpe wird in der Wildnis wohl kaum als Erwachsener Erfolg haben, und ein ängstlicher Haushund ist manchmal schwer in den Griff zu bekommen.

Zeigt ein Welpe Anzeichen von Furcht oder Angst, müssen Sie sich ruhig und selbstsicher verhalten. Oft wird empfohlen, ängstliches Verhalten zu ignorieren. In jüngster Zeit haben Verhaltenstrainer vorgeschlagen, dass der Besitzer sich in die furchteinflößende Situation möglichst ruhig einbringt und bei Bedarf die Aufmerksamkeit des Welpen auf etwas Positives lenkt, sodass die Angst nicht übermächtig wird und er stattdessen abgelenkt wird. Dies entspricht nicht gerade dem menschlichen Instinkt – die meisten würden einen ängstlichen Welpen hochheben und trösten.

Wie Sie sich auch entscheiden, stellen Sie sicher, dass der Welpe nicht merkt, dass Sie Angst haben. Wenn Sie die Ruhe bewahren, schließt Ihr Welpe daraus, dass kein Grund zur Besorgnis besteht.

URINSTINKT **Erwachsene »Welpen«**

Überbleibsel von welpen-typischem Verhalten sind in Situationen erkennbar, in denen ein Hund seinen Besitzer zu besänftigen versucht. Der Hund geht von der Seite auf ihn zu, um sein Gesicht abzulecken. Oft versucht er auch, das Gesicht eines älteren Hundes abzulecken, um zu zeigen, dass er als Junges keine Gefahr darstellt. In ähnlicher Weise rollt sich ein ängstlicher Hund, der jegliches Machtgerangel vermeiden will, auf seinen Rücken, um seinen Bauch als Zeichen der Hilflosigkeit zu zeigen.

Der Geruchssinn

Die Art, wie Hunde die Welt um sich herum wahrnehmen, beeinflusst ihr Verhalten. Hunde nehmen zweifelsohne andere Eindrücke von der Welt auf als wir Menschen – vor allem weil sie unterschiedlich sehen und riechen.

Der Mensch hat einen stärkeren Geruchssinn, als wir denken (bei Experimenten konnten die Probanden oft die Unterschiede zwischen bekannten und fremden Personen erriechen, ohne dass diese sprachen, typische Parfums oder Seifen verwendeten usw.), doch wir verlassen uns eher auf unseren Sehsinn und zu einem geringeren Maß auf unseren Hörsinn. Hunde sind da ganz anders.

»SEHEN« MIT DER NASE

Selbst die am besten sehenden Sichthunde (Windhunde oder Saluki, die eigens dazu gezüchtet wurden, ihre Beute auf Sicht zu jagen) haben aus menschlicher Sicht schlechte Augen.

Die Fähigkeit von Sichthunden, Bewegungen visuell wahrzunehmen, ist bemerkenswert, doch ansonsten gilt ihr Sehvermögen als typisch hündisch: Sie sind farbenblind im Rot/Grün-Spektrum und ihre Sicht ist gräulich und verschwommen. Sofern sich nicht irgendetwas in ihrem Blickfeld so bewegt, dass es zum Jagen anregt, haben Sichthunde kein gutes Sehvermögen.

Der Geruchssinn eines Hundes ist im Vergleich zu dem des Menschen unschlagbar. Laut Statistik sind die Geruchsrezeptoren eines Hundes mehr als 44 Mal so stark wie die des Menschen. Ganz zu schweigen von der Geruchs-»Erinnerung«, die alle Hunde besitzen. Man nimmt an, dass ein Hund etwa zweitausend Mal intensiver als ein Mensch riechen kann. Kein Wunder, dass die Anatomie einer Hundenase so komplex ist. Die Nase ist beweglicher als die Nasen der meisten Säugetiere, ohne dass der

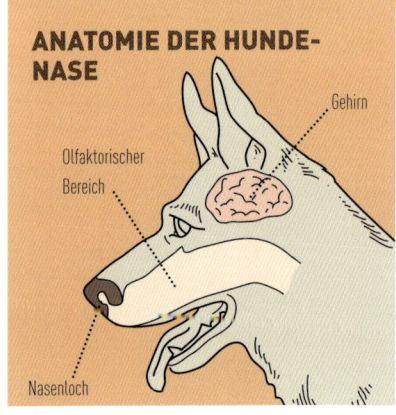

ANATOMIE DER HUNDE-NASE

Gehirn

Olfaktorischer Bereich

Nasenloch

Der Geruchssinn ist bei Hunden verschieden gut ausgeprägt. Schweißhunde verfügen über den stärksten Geruchssinn, wobei innerhalb dieser Gruppe der Bluthund wahrscheinlich über die feinste Geruchswahrnehmung verfügt. Andere Jagd- und Apportierhunde haben bei Experimenten ebenso gute Leistungen bewiesen. Doch selbst Hunde mit dem am geringsten ausgeprägten Geruchssinn haben noch immer eine feinere Nase als viele andere Arten.

Hund dabei den Kopf wenden muss. Sie verfügt auch über einen Bereich hinter den Nasenlöchern, der Geruchsmoleküle zurückhält, wenn der Hund schnüffelt. Durch dieses Speichersystem bleiben die Gerüche beim Ausatmen erhalten, sodass er sie analysieren kann.

Hunde verfügen auch über ein hochentwickeltes Jacobsonsches Organ, das aus zwei Einbuchtungen auf beiden Seiten der Nasenscheidewand besteht. Das Jacobsonsche Organ findet sich auch bei vielen anderen Tieren, jedoch nur selten in so ausgeprägter Form. Es dient primär der Wahrnehmung von Pheromonen, den chemischen Botenstoffen, die zwischen den Lebewesen einer Art übermittelt werden. Somit können Hunde nicht nur viel feiner riechen als Menschen, sondern über den Geruch auch viele Informationen über andere Hunde aufnehmen.

BELIEBTE GERÜCHE

Der ausgeprägte Geruchssinn ist oft auch für ein Verhalten verantwortlich, das uns aus menschlicher Sicht unerklärlich ist. Während sowohl Menschen als auch Hunde den Geruch von Grillhuhn als angenehm empfinden, gehen die Vorlieben bei anderen Gerüchen auseinander. Hunde mögen etwa keine stark parfümierten Düfte oder Seifen. Beim Spaziergang hingegen ist derselbe Hund oft von Gerüchen fasziniert, die seinem Besitzer den Magen umdrehen wie Fuchskot oder tote Enten – und er wird nach Möglichkeiten suchen, diese Gerüche auf sein Fell zu übertragen.

Unten: **Was gibt's Neues? Hunde können eine Unmenge an Informationen über andere Hunde aufnehmen, indem sie einfach dort herumschnüffeln, wo diese sich aufgehalten haben.**

Die Körper-
sprache

In den letzten Jahrzehnten konzentrierte sich die Forschung zunehmend auf die Kommunikation zwischen Hunden. Dadurch wissen wir heute mehr über die Art und Weise, wie Hunde untereinander und mit Menschen kommunizieren.

Wir können also bis zu einem gewissen Grad deuten, was sie uns sagen möchten. Wie viel ihrer Körpersprache aber instinktiv und automatisch ist und wie viel davon bewusst eingesetzt wird, bleibt wohl umstritten.

Die folgenden Seiten bieten eine kurze Einführung in die Grundlagen der Körpersprache von Hunden. Ein genauer Blick auf Augen, Ohren, Maul, Gesicht und Schwanz, gepaart mit seiner Haltung und seinem Benehmen, verraten Ihnen einiges über das Gefühlsleben Ihres Hundes.

Rechts: **Vieles deutet darauf hin, dass manch körpersprachlicher Ausdruck erlernt und nicht instinktiv ist – eine sorgfältige Sozialisierung des Welpen ist daher unerlässlich.**

DAS GESAMTBILD

Generell müssen Sie lernen, mehrere Signale Ihres Hundes auf einmal zu interpretieren. Einige Indikatoren verraten Ihnen mehr über die Stärke des Gefühls, aber nicht automatisch, um welches Gefühl es sich handelt. Andere geben Ihnen Informationen über die Stimmung, aber vielleicht nicht, wie intensiv diese ist. Wenn Sie all diese Faktoren zusammensetzen, erhalten Sie meist ein klares Gesamtbild.

Es kann nicht zu oft betont werden: Hunde können äußerst geschickt Signale aussenden und diese ebenso gut deuten. Die folgenden Seiten halten womöglich die eine oder andere Überraschung für Sie bereit. Wenn Sie dachten, ein Hund könne nur auf eine Art mit dem Schwanz wedeln, werden Sie lernen müssen, genau hinzusehen, um die feinen Nuancen zu erkennen.

Aufgrund ihrer Physiognomie und Form können manche Hunderassen ihr Gesicht und ihren Körper nur eingeschränkt bewegen. Die Zeichen sind dann zwar schwerer erkennbar als bei anderen Hunden, aber dennoch da.

Was uns der Schwanz verrät

Der Schwanz ist ein guter Ausgangspunkt, um die Körpersprache des Hundes zu erforschen, da das Wedeln generell – zumindest vom Menschen – als Ausdruck der Lebensfreude gedeutet wird. Sehen Sie genauer hin: Nicht alle Schwanzbewegungen sind mit Wedeln gleichzusetzen. Hier sind ein paar der häufigsten Positionen erklärt:

SCHWANZ BEWEGT SICH FREI, ABER IN WEITEN, SCHWEIFENDEN BEWEGUNGEN LEICHT NACH OBEN. Ein klassisches Wedeln. Es handelt sich entweder um ein Zeichen der Freude, etwa bei der Begrüßung eines Besuchers, oder von Aktivität – oder beider Zustände.

FREI GETRAGENER SCHWANZ, WEDER OBEN NOCH UNTEN, IN LOCKERER BEWEGUNG. Ein Schwanz in neutraler Position. Der Hund ist mit nichts Speziellem beschäftigt und beobachtet das Geschehen rund um ihn.

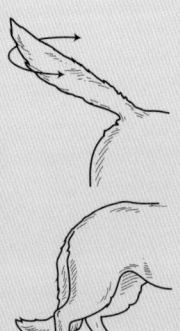

RELATIV HOCH GEHALTENER SCHWANZ, DER SICH IM KURZEN BOGEN HIN UND HER BEWEGT, ETWAS STEIF. Gemeinsam mit anderen abwehrenden Körpersignalen ist das als Warnung zu deuten. Dies ist bei Hunden zu beobachten, die etwas bewachen oder in der Defensive sind.

ZWISCHEN DEN HINTERBEINEN EINGEZOGENER SCHWANZ. Eine typische Position eines Hundes, der sich in seiner Situation unwohl fühlt oder Angst hat, zum Beispiel bei einem Hund, der gebadet oder beim Tierarzt untersucht werden soll.

SCHWANZ OBEN, ABER IN RUHEPOSITION. Diese Haltung nimmt ein Hund ein, bevor er aktiv wird. Sie ist zum Beispiel bei einem Hund erkennbar, der andere Hunde beim Spiel beobachtet und abwägt, ob er sich dazugesellen soll.

GESICHTER

Bei der Interpretation des Gesichtsausdrucks bewertet man am besten Maul, Augen und Ohren separat und zieht dann sein Fazit. Es geht vor allem darum, die verschiedenen Signale zu einem korrekten Gesamtbild zusammenzusetzen. Nicht anders ist es, wenn Sie die Gefühle eines Menschen deuten: Sie hören auf die Worte und den Ton, beobachten aber auch den Blick und die Haltung Ihres Gegenübers.

ZUNGENSCHNALZER

Hunde schnellen oft mit ihrer Zunge über Nase oder Lippen. Diese rasche Bewegung ist bei manchen Hunden mehrmals täglich zu beobachten. Verhaltensforschern zufolge dienen diese Zungenschnalzer oft als Zeichen der Warnung oder Besänftigung anderen Hunden gegenüber. Ein Hund, der an einem anderen vorübergeht, schnellt seine Zunge hervor, da er unsicher ist, ob der andere sein Eindringen in dessen persönlichen Bereich toleriert.

TIPPS UND RATSCHLÄGE
Was uns die Augen verraten

Da die Pupillen eines Hundes oft schwer zu sehen sind und sich die weiße Augenhaut bei Hunden meist nur in Momenten hoher Stimulation oder bei Angst zeigt, betrachten Sie am besten die Muskeln rund ums Auge:

ENTSPANNTE MUSKELN, DIE KLEINE FALTEN UMS AUGE BILDEN. Das Auge ist nicht weit geöffnet, sondern etwas gerundet. Ein schielender Ausdruck mit gerundetem Auge weist meist auf einen entspannten und freundlichen Hund hin. Das ist oft zusammen mit einem kehrenden Schwanzwedeln zu beobachten.

VERENGTE AUGEN MIT FESTEM BLICK. Dies sind Anzeichen für einen Hund, der unter Stress steht, was sich entweder in Aggression oder Angst äußert. Um dies zu unterscheiden, werfen Sie einen Blick auf den Ausdruck des Mauls.

AUGEN WEIT OFFEN, WEISSE AUGENHAUT SICHTBAR, LEICHT ROLLEND. Die Sclera (weiße Augenhaut) zeigt sich meist bei starker Stimulation des Hundes. Sie deutet starke Gefühle an, aber nicht automatisch, welcher Art sie sind – sie ist bei einem fröhlichen Spiel ebenso erkennbar wie bei einer Rangelei mit einem anderen Hund.

Was uns das Maul verrät

ANSPANNUNG IN DEN ÄUSSEREN MUNDWINKELN. Um den Ausdruck des Mauls zu deuten, betrachten Sie sowohl die Winkel als auch die Schnauze. Die äußeren Winkel werden nach hinten gezogen oder bewegen sich nach vorn, wenn ein Hund unter Druck steht. Zurückgezogene Winkel bedeuten, dass sich der Hund in der Defensive befindet und Angst hat, nach vorn geschobene Winkel deuten Aggression an. Meist sind die äußeren Mundwinkel weder nach vorn noch nach hinten gekniffen.

OFFENES MAUL, ZUNGE MITUNTER LEICHT VORSTEHEND, KEINE ANSPANNUNG IN DER SCHNAUZE. So sieht ein fröhlicher, entspannter Hund aus. Sind Sie bei einer Rangelei unter Hunden unsicher, ob sie freundlicher Natur ist, blicken Sie aufs Maul. Ist es offen ohne Falten rund um die Nase, ist es nur ein Spiel.

MAUL GANZ LEICHT OFFEN, LIPPEN WIE BEIM AUSBLASEN, VERSTEINERTES GESICHT. Der Hund beurteilt meist das, was um ihn herum vor sich geht und richtet sein Interesse auf etwas Bestimmtes.

MAUL GESCHLOSSEN, RUNZELN UND FALTEN RUND UM DIE SCHNAUZE. Ein »knurrendes« Gesicht. Der Hund macht vielleicht gar kein Geräusch, warnt Sie aber. Bei einem ruhigen oder steifen Schwanz ist es eine Aufforderung, sich fernzuhalten.

GESCHLOSSENES MAUL, LOCKERES GESICHT, KEINE RUNZELN RUND UM DIE SCHNAUZE. Das deutet in der Regel einen fixierten, aber neutralen Blick an, wenn der Hund sich auf etwas konzentriert.

MAUL OFFEN, WINKEL NACH HINTEN GEZOGEN, SCHNAUZE IN FALTEN, MITUNTER ZÄHNE SICHTBAR.
Ein besorgter oder ängstlicher Ausdruck. Diesem Ausdruck sollte man mit Vorsicht begegnen, da ein Hund, der Angst hat, ein Hund ist, der beißen könnte.

OHRENPOSITIONEN

Wildhunde besitzen große, dreieckige, aufgerichtete Ohren (beim Afrikanischen Wildhund sind sie so groß, dass das Tier fast schon komisch aussieht). Diese Ohren ermöglichen eine optimale Hörleistung, da sie sich zum Geräusch hin drehen können und einen großen, offenen Kanal aufweisen, durch den sich das Geräusch hinabbewegen kann. Solche Ohren sind auch für andere Rudelmitglieder leicht aus der Ferne erkennbar, sodass sich sämtliche Informationen rasch über relativ lange Distanzen verbreiten lassen.

Unter den Haushunderassen herrscht eine solche Vielfalt an Ohrformen, von den langen Hängeohren eines Basset bis zur aufgerichteten, dreieckigen Form eines Deutschen Schäferhundes, dass es oft schwer fällt, die Grundposition zu erkennen.

Wenn Sie einen Hund mit einer der weniger offensichtlichen Ohrformen studieren, betrachten Sie immer die Basis des Ohres – hier ist am besten erkennbar, wie das Ohr platziert ist.

Selbst bei den Rassen, wo dies äußerst schwierig zu sehen ist, sollten Sie erkennen können, ob das Ohr nach vorn oder hinten zeigt.

NATURINSTINKT **Beschwichtigungssignale**

Die bekannte norwegische Trainerin und Verhaltensforscherin Turid Rugaas hat die heute weithin anerkannte Theorie entwickelt, dass Hunde einander bei ihren Begegnungen Beschwichtigungssignale vermitteln, um Beziehungen positiv zu gestalten und mögliche Konflikte abzuwenden. Generell können selbst kleinste Bewegungen, besonders im Gesicht eines Hundes, viel über seine Stimmung aussagen.

Die von Rugaas ermittelten Signale sind klar und leicht erkennbar. Beobachten Sie, ob zwei Hunde bei ihrer Begegnung folgendes Verhalten zeigen: Ein Hund dreht Kopf und Körper leicht zur Seite, während sich der andere nähert; ein Hund senkt plötzlich den Kopf und schnüffelt am Boden, als er einen anderen erblickt, oder er setzt sich und beginnt sich zu kratzen. Rugaas zufolge handelt es sich um Signale von gut sozia-

lisierten Hunden, die unter Artgenossen anerkannt sind. So vermittelt ein Hund anderen, dass er friedvoll ist.

Beobachtet man eine Gruppe von unangeleinten Hunden, die sich nicht kennen, kann man Rugaas nur schwer widersprechen. Immer wieder sind bei allen Hunden dieselben Bewegungen erkennbar, und meist sind es die gesittetsten und ruhigsten Hunde, die dieses Verhalten an den Tag legen.

TIPPS UND RATSCHLÄGE
Was uns die Ohren verraten

Die Ohren geben meist weniger preis als die Augen oder das Maul, doch eine Analyse ihrer Position kann das Stimmungsbild eines Hundes gut verdeutlichen. Beispiele hierfür sind:

OHREN AUFRECHT UND NACH VORN GERICHTET (BEI OFFENEN, DREIECKIGEN OHRFORMEN) UND AM KOPF LEICHT NACH VORN PLATZIERT. Diese Stellung zeigt an, dass der Hund wachsam und bereit ist, zu reagieren. Das Ohr verrät allerdings nichts über die Art des Stimulus.

OHR LEICHT NACH HINTEN GEZOGEN UND NAH BEIM KOPF. Ein Zeichen dafür, dass der Hund aufgrund dessen, was er sieht oder hört, leicht nervös oder besorgt ist.

OHREN STARK NACH VORN UND AUFRECHT. Diese Stellung deutet auf ein hohes Maß an Erregung ohne ein besorgtes Element hin. Es ist ein starkes Zeichen des Vertrauens und bedeutet, dass der Hund Interesse an etwas hat und darauf reagieren will. Je nach Umständen und der übrigen Körpersprache könnte es ein Anzeichen sein, dass der Hund in der Offensive und aggressiv ist. Sind die Ohren leicht flach und nach außen zur Seite gelegt (nicht nach hinten), ist es noch wahrscheinlicher, dass der Hund in der Offensive ist.

OHREN STARK NACH HINTEN GELEGT, ENG AM KOPF. Meist ein Zeichen, dass der Hund in der Defensive und ängstlich ist. Zeigen die Ohren auch leicht nach unten, bedeutet es, dass die Angst überwiegt. Diese Ohren sieht man bei einem Hund, der einer Situation auszuweichen versucht, anstatt ihr bewusst entgegenzutreten.

DER GANZE KÖRPER

Wir haben gesehen, wie sich die Körpersprache des Hundes an beiden Enden des Körpers – Schwanz und Kopf – analysieren lässt. Doch was ist mit den Teilen dazwischen: dem Körper und der Haltung? Die Stimmung mancher Hunde ist aufgrund ihrer Haltung (Beine und Rückenlinie) so offenkundig, dass man sie gar nicht bewusst analysieren muss – man denke nur an einen Hund, der widerwillig zum Tierarzt gezogen wird.

Ein entspannter Hund weist eine lockere, spannungsfreie Rückenlinie auf. Bei Stress rundet sich der Rücken leicht. Ein ängstliches oder beunruhigtes Tier zeigt eine deutliche konvexe Kurve. Ein runder Rücken mit eingezogenem Schwanz ist ein klares Zeichen, dass der Hund besorgt ist. Kommen noch angespannte Beine

Oben: Hat der Hund im Vordergrund einen faszinierenden Geruch entdeckt, oder will er signalisieren »Ich bin unbeteiligt«?

hinzu, handelt es sich um einen verkrampften oder unglücklichen Hund. Ebenso ist eine sehr gerade Rückenlinie mit keinerlei Bewegung typisch für einen angespannten Hund, der überlegt, wie er reagieren soll.

Die Art, wie ein Hund seine Beine hält, verrät, ob er sich nach vorn bewegen will. Ein unsicherer Hund mag zwar den Anschein geben, sich einer Situation zu nähern, doch seine Hinterbeine werden steif sein und den Körper leicht nach hinten ziehen. Ein selbstsicherer Hund bewegt sich mit dem ganzen Körper einschließlich der Beine nach vorn. Ein nervöser Hund wird mit seiner Körpersprache zweideutige Botschaften aussenden.

DAS GESAMTBILD

Um die Stimmung Ihres Hundes zu deuten, müssen Sie seinen ganzen Körper analysieren: Betrachten Sie nacheinander jeden Körperteil und interpretieren Sie die Zeichen, sodass ein Gesamtbild entsteht.

Sie sollten auch stets den Kontext berücksichtigen, in dem Sie einen Hund beobachten. Hat ein Hund zum Beispiel einen leicht angehobenen, ruhenden Schwanz, ein entspanntes, offenes Maul, leicht nach vorn gedrehte Ohren und fixierte, aber gerundete Augen, schauen Sie, was seine Aufmerksamkeit erregt.

Wenn er aus dem Fenster blickt, beobachtet er vielleicht gerade seine Besitzerin beim Einparken und ist daher ganz aufgeregt. Beobachtet er im Freien eine Gruppe spielender Hunde, wägt er wohl gerade ab, ob er sich dazugesellen soll.

SPRECHENDE HUNDE

Hunde sprechen nicht nur mit ihrem Körper, sondern haben auch eine Stimme. Im Vergleich zu Menschen benutzen Hunde ihre Stimme aber nur selten. Es ist umstritten, wie viel von ihren Geräuschen unfreiwillige Gefühlsäußerungen und wie viel bewusste Signale sind.

Studien über verschiedene Tonlagen und -höhen von Bellgeräuschen deuten darauf hin, dass Bellen eingesetzt wird, um verschiedene Botschaften vom einfachen »Ich bin da« bis zum »Willst du spielen« zu übermitteln. Oft ist es leichter, einen Hund anhand seiner Körpersprache zu analysieren, als anhand der Geräusche, die er von sich gibt.

WARNUNG

Durch Knurren signalisiert ein Hund eine Warnung, die ernst genommen werden sollte. Je tiefer und gleichmäßiger die Tonlage, desto vehementer die Warnung. Unter der Vielzahl von Bell-und Knurrkombinationen ist das ernsthafteste Knurren – und jenes, das am stärksten einen Hund kurz vorm Angriff signalisiert – ein gleichmäßiges, tiefes Geräusch, das kaum hörbar ist. Ein höheres, unterbrochenes Geräusch muss nicht bedeuten, dass ein Hund nicht aggressiv wird, doch generell ist das Geräusch weniger bedrohlich und bedeutet eher Aufregung als Entschlossenheit.

Unten: **Aggression oder Warnsignal? Dieser Hund zeigt viel Zahn, doch die Muskeln um seine Augen und die Winkel seines Mauls sind recht entspannt.**

Dominanz und Unterwerfung

Einst war das Konzept von dominanten und unterwürfigen Hunden weitverbreitet. Es bildete eine der Grundlagen für Verhaltensstudien an Hunden und Hundetraining und liegt noch heute älteren Trainingsmethoden und -handbüchern zugrunde.

In jüngster Zeit aber wurde dieses Konzept zunehmend infrage gestellt. Unter vielen Verhaltensforschern kam das Wort »dominant« derart in Verruf, dass es nicht weiter verwendet wird, um irgendwelche Aspekte des Charakters oder Verhaltens von Hunden zu beschreiben.

Leider ist die Vorstellung vom dominanten Hund, der (oft gewaltsam) dazu gebracht werden muss, sich seinem Besitzer unterzuordnen, noch immer recht weitverbreitet. Die meisten Tierbesitzer werden irgendwann mit diesen überholten Methoden konfrontiert, sei es durch ein Buch oder andere Hundebesitzer. Um zu verstehen, warum die Vorstellung von Dominanz/Unterwerfung in Misskredit geraten ist, sollten wir uns näher damit beschäftigen. Die meisten Hundeliebhaber sind der Ansicht, dass die neueren Trainingsmethoden sanfter und vor allem effizienter sind.

Links: **Schwer zu sagen, ob dieser Hund seiner Besitzerin gegenüber »Unterwerfung« zeigt oder ob eigentlich er sie dazu »abgerichtet« hat, ihn am Bauch zu kraulen, wenn er sich auf den Rücken dreht – Zweiteres scheint eher wahrscheinlich.**

UNTERWERFUNG

Lange ging man davon aus, dass es sich bei Hunden im Grunde um Wölfe handelt, die in menschlicher Umgebung leben und – oft gewaltsam – dazu gebracht werden müssen, nach menschlichen Regeln zu leben. Wölfe leben in Rudeln und Rudelmitglieder mit geringerem Status zollen jenen mit höherem Respekt, indem sie sich als Zeichen der Unterwerfung auf den Rücken drehen und den Bauch zeigen.

Oft nehmen Hunde diese Position wie von selbst ein – Welpen besonders häufig vor einem erwachsenen Tier, wenn sie sich unter Druck fühlen, erwachsene Hunde gegenüber Artgenossen, vor denen sie sich fürchten. Sehr ängstliche Hunde werden es sogar fast jedes Mal tun, wenn ein anderer auf sie zukommt.

TRAININGSMETHODEN

Nach und nach entstand eine Trainingstheorie um die Vorstellung, dass, wenn der Besitzer einen Hund in eine Position der Unterwerfung zwingt, der Hund den Besitzer als Anführer akzeptiert, ihn automatisch respektiert und sich ihm beugt. Aus dieser Theorie entwickelten sich zahlreiche Übungen, bei denen es darum ging, dem Hund zu zeigen, wer das Sagen hatte. Dazu zählte etwa, einen Welpen am Genick zu packen und ihn fest zu schütteln, wenn er unartig war, egal welcher Art der »Verstoß« war (von Urinieren im Haus bis zu Kämpfen mit einem anderen Hund). Eine andere dieser Übungen ist der »Alphawurf«, bei dem der Hund gepackt und auf seinen Rücken geworfen wurde, sodass der Besitzer über ihm stand.

Oben: **Weiße Augenhaut, angespannte Schnauze, geschlossenes Maul und geduckter Kopf– ein äußerst angespannter Hund in der Defensive.**

Bald begannen aufgeklärtere Verhaltensforscher diese Methoden zu kritisieren, da sie mehr Probleme schufen als lösten. Oft verstand der Hund nicht, was er falsch gemacht hatte. Hunde mit hohem Rang konnte man nur schwer einschüchtern, sodass das Ergebnis oft Aggression gegenüber dem Besitzer war. Furchtsame Tiere duckten sich jedes Mal und hatten ständig Angst vor Züchtigung, ohne zu wissen, wie diese zu vermeiden sei.

Mit der Zeit wurde klar, dass selbst Wölfe diese Art von Taktik nicht anwenden, um ihren Status zu sichern. Im Gegenteil, sie sind von Natur aus ihren Jungen gegenüber eher tolerant und vermeiden gewaltsame Züchtigung. Das Konzept der Dominanz ist von vielen als untauglich erachtet worden, sodass Alphawürfe und andere Methoden dieser Art immer seltener werden.

STATUS ZU HAUSE

Was die Anhänger der Dominanz-Theorien nicht berücksichtigten, ist, wie intelligent Hunde sind und wie sehr sie um ihr Wohlergehen besorgt sind. Wenn ein Hund weiß, welches Verhalten positive Folgen wie Aufmerksamkeit, Leckereien und Spielen hat, wird er genau dieses Verhalten an den Tag legen, es sei denn, er hat zuvor viele schlechte Erfahrungen gemacht.

Ein Hund, der darauf vertraut, fair behandelt zu werden, und weiß, was ihn erwartet, wird sich genauso wenig dominant verhalten wie einer, der in die Unterwerfung gezwungen wurde.

Hunde scheinen wie Menschen und andere Tiere, die in sozialen Verbänden leben, äußerst statusbewusst zu sein. Bei den internen Übereinkommen der meisten dieser Guppen, egal welcher Art, geht es oft um die Zuteilung der verfügbaren Ressourcen, wobei die hochrangigeren Individuen am häufigsten die Entscheidungen darüber treffen.

Wir wissen nicht, ob Hunden bewusst ist, dass Menschen einer anderen Art angehören, aber sie wissen sicher, dass zu Hause die Menschen die Kontrolle über die meisten Ressourcen haben (Aufmerksamkeit, Nahrung, Spielzeug), die sie schätzen. Ob sie diese Kontrolle bereitwillig akzeptieren oder sie hinterfragen, hängt davon ab, wie sie ihre eigene Position wahrnehmen.

Wenn sie die gewünschte Nahrung, Aufmerksamkeit und Bewegungsmöglichkeit bekommen, scheinen viele Hunde überhaupt nicht über den Status nachzudenken und akzeptieren mehr oder minder jenen Rang, der ihnen im Haushalt zugeteilt wird.

Unten: **Hunde verhalten sich meist nicht dominant, solange sie genug Zuwendung, Nahrung, Leckereien und Spiele bekommen.**

Rechts: **Ein Hund, der nicht besonders statusbewusst ist, begnügt sich oft damit, dass andere Hunde und Menschen rund um ihn herum den Ton angeben.**

Umgekehrt haben die meisten Menschen wohl schon clevere und willensstarke Hunde erlebt, die gerne die Grenzen zu Hause ausloten und nur allzu gut wissen, wie sie ihren Willen ohne direkte Konflikte mit ihren Besitzern durchsetzen.

Hunde müssen in einer menschlichen Welt leben, also ist es wichtig, dass Ihr Hund Sie als Anführer und Gefährten zugleich betrachtet. Was sich im Vergleich zur Dominanz-Theorie komplett verändert hat, ist die Ansicht, wie sich ein Besitzer am besten als Anführer beweist.

Vorsichtiges, nachvollziehbares und konsequentes Verhalten gegenüber Hunden lässt sie erkennen, dass sich die Kooperation mit den Menschen auszahlt. Ein Hund, der von der Beziehung zu einem Menschen profitiert, wird wohl wenig Anlass sehen, diese zu hinterfragen.

REGELN

Ob sich ein Hund nun Gedanken über seinen Platz in der Hierarchie macht oder nicht, der beste Weg, um eine gute Beziehung zwischen Tier und Mensch herzustellen, besteht darin, so mit ihm zu kommunizieren, dass er ihn versteht. Jede Tiergemeinschaft hat ihre eigenen Verhaltensregeln, daher sind die Hunde genauso wie Menschen in der Lage, Regeln zu akzeptieren.

Um Hunden diese Regeln aber erklären zu können, müssen wir lernen, mit Hunden genauso fließend zu sprechen, wie sie es mit uns können. Auf den nächsten Seiten steht, wie das geht.

Mit Hunden sprechen

Hunde sprechen nicht viel – zumindest nicht durch Laute –, während Menschen für ihre Verhältnisse unentwegt reden. Die meisten Tiere scheinen das zu akzeptieren, doch was sie wirklich davon halten, können wir nur erahnen.

Da uns unser eigenes Verhalten selbstverständlich erscheint und sich der Mensch gern als oberste Art sieht, ist es für uns oft schwer zu akzeptieren, dass unser Alltagsverhalten ebensowenig eine universelle Norm darstellt wie das hündische Verhalten.

Menschen können im Hinblick auf ihr typisches Verhalten ebenso wenig aus ihrer Haut heraus wie Hunde – und Hunde verfügen natürlich über ganz spezielle Instinkte. Genau an dem Punkt, wo die jeweils für die andere Art typischen Verhaltensweisen aufeinandertreffen, kommt es manchmal zu Missverständnissen und Problemen.

Unten: **Der Terrier akzeptiert den Augenkontakt und die Umarmung einer vertrauten Person – es handelt sich jedoch um eindeutig menschliches Verhalten.**

TIPPS UND RATSCHLÄGE
Tu, was ich tue, und nicht, was ich sage

Die meisten Besitzer kennen die vielen Verhaltensweisen, die sich Hunde schwer aneignen, nur zu gut. Doch oft ist der Mensch auch einfach nicht in der Lage, das gewünschte Verhalten richtig zu verdeutlichen. Hier ein paar Beispiele:

Menschen fällt es unglaublich schwer, Befehle nicht zu wiederholen. Damit ein Hund auf »Sitz« reagiert, müssen Sie »Sitz« sagen . Doch manche Hunde (wohl die meisten) haben anfangs gelernt, sich bei »sitz, sitz, sitz, SITZ, SITZ, SITZ!« hinzusetzen. Das kommt daher, dass es Menschen generell schwer fällt, mit dem Sprechen aufzuhören und auf etwas zu reagieren – etwa mit intelligenter Stille, wenn der Welpe zunächst das Konzept »Sitz« nicht versteht. Es mutet fast komisch an, wie schwer es Besitzern fällt, nach dem Befehl ruhig zu bleiben, selbst wenn der Trainer es ihnen gesagt hat und sie es bewusst versuchen. Dies entspricht nicht unseren Instinkten. Wenn Sie merken, wie schwer es ist, gegen die eigenen Instinkte zu handeln, haben Sie viel mehr Hochachtung vor der Bereitschaft – und Fähigkeit – unserer Hunde, gegen ihre Instinkte zu agieren.

Scheinbar nicht weniger schwer fällt es dem Menschen, Befehle jedes Mal mit denselben Worten zu formulieren. Da Hunde keine Wörter verstehen, bedarf es einer recht anspruchsvollen Gedankenfolge, damit sie bestimmte Wörter mit bestimmten Anweisungen verbinden. Was sollen sie mit dem Befehl, sich hinzusetzen, anfangen, wenn diese in einen Schwall von Worten wie »Sitz, braver Junge, Rex, nein, ich habe niedersetzen gesagt! Sitz....« verpackt ist? Das ist noch schlimmer, als denselben Befehl x-mal zu wiederholen. Einem Hund ist es fast unmöglich, die wichtigen Teile der Anweisung herauszufiltern. Obwohl wir wissen, dass wir uns damit, jedenfalls Hunden gegenüber, nicht sonderlich gut verständlich machen, dominiert unser Rededrang.

Für einen Hund auch nur schwer interpretierbar ist eine verbale Anweisung gepaart mit menschlicher Körpersprache, die sich scheinbar widersprechen. Das wahrscheinlich typischste Beispiel dafür ist der Befehl »Hier« in Kombination mit ein, zwei Schritten in Richtung des Hundes. Der Hund versteht diesen Befehl nur, wenn Sie sich in die Richtung bewegen, in die er sich begeben soll, genau so, wie er in dieselbe Richtung blicken wird, in die Sie blicken. Wenn Sie sich auf ihn zubewegen und ihn dabei auffordern, zu Ihnen zu kommen, ist das in Hundeaugen ein Widerspruch. Aus seiner Sicht ist es logischer und leichter verständlich, wenn Sie sich von ihm wegbewegen und ihm »Hier« zurufen.

Oben: **Da beide angeleint sind, stehen sich diese Hunde von Angesicht zu Angesicht gegenüber. Für hündische Verhältnisse ist dieser Kontakt zu direkt.**

Nicht nur unsere Sprache kann verwirrend sein, sondern auch unsere Körpersprache, die mitunter ähnlich missverständliche Botschaften an Tiere aussendet. Und wieder entstehen die Probleme nur deshalb, weil jede Art ihrer Natur nach agiert: Menschen verhalten sich wie Primaten und Hunde reagieren wie Caniden. Hunde beobachten die menschliche Körpersprache äußerst genau, also reagieren sie auf die Botschaften, die sie vermeintlich sehen – ob dem »Sender« dies nun bewusst ist oder nicht.

LOB UND AUFMERKSAMKEIT

Fast jeder Hund liebt die Aufmerksamkeit des Menschen. Die raren Ausnahmen sind sehr scheue Hunde oder solche, die misshandelt wurden

und Aufmerksamkeit mit Negativem in Verbindung bringen. Daher sollte man lernen, wie man einen fremden Hund so begrüßt – oder einen bekannten so streichelt –, wie er es mag. Die Körpersprache von Primaten und Hunden ist sehr unterschiedlich. Das beginnt schon beim einfachen »Hallo«. Menschen mögen eine direkte Annäherung: direkter Augenkontakt und vielleicht eine herzliche Umarmung.

WAS HUNDE WOLLEN

Hunde empfinden vieles ganz anders. Jedes Element einer Begrüßung unter Primaten muss für sie unnatürlich anmuten. Die direkte, frontale Annäherung im Stil der Primaten ist aus Sicht eines Hundes nicht sehr freundlich. Freundliche Hunde nähern sich einander von der Seite. Oft beginnen sie von hinten und nehmen Informationen mit der Nase auf, bevor die Begrüßung von Angesicht zu Angesicht erfolgt. Dem Gegenüber in die Augen zu blicken, kann als Herausforderung aufgefasst werden. Meist streift ein Hund den anderen mit seinem Blick (der starrende Blick eines streitlustigen Hundes ist leicht erkennbar).

Hunde können eine Umarmung als Bedrohung auffassen. Mag es sich bei Primaten, von Menschen bis Orang-Utans, um eine häufige Geste handeln, so wirkt sie auf Hunde wie eine Herausforderung. Wenn Sie Ihren Hund umarmen, müssen Sie eine »Pfote« auf seine Schulter legen und sich so auf eine höhere Ebene stellen als er. Für einen Hund ist das somit keine Begrüßung zwischen Gleichrangigen.

Mag sein, dass Sie Ihren Hund am Kopf tätscheln oder umarmen und dass er es scheinbar akzeptiert, dennoch ist zu bezweifeln, dass es ihm wirklich gefällt. Viele Tiere haben zwar gelernt, die menschliche Körpersprache zu tolerieren, doch nur wenige ziehen eine Umarmung Streicheleinheiten am Bauch vor.

CHECKLISTE
Die richtige Begegnung

Meist müssen sich Hunde an die Gewohnheiten des Menschen anpassen, doch oft ist es besser, die Dinge aus der Sicht eines Hundes zu betrachten, wie etwa:

🐾 **ABSTAND HALTEN.** Mit hoher Wahrscheinlichkeit sind Sie größer als der Hund Ihnen gegenüber, und er wird es genauso wenig schätzen, wenn Sie über ihm thronen, wie Sie es schätzen würden, wenn eine andere Person sich vor Ihnen auftürmt und in Ihren persönlichen Bereich eindringt.

🐾 **WENN DER HUND, DEM SIE SICH NÄHERN,** nicht kommt, um Sie zu begrüßen, gehen Sie nicht auf ihn zu. Bleiben Sie stehen, richten Sie Ihren Blick auf etwas anderes im Raum und drehen Sie den Kopf leicht. Das wirkt beschwichtigend auf einen nervösen Hund, da er überlegen kann, ob er näher kommt.

🐾 **STRECKEN SIE IHRE HAND** leicht aus, wenn der Hund näher kommt, aber so, dass sie im Blickfeld des Hundes ist. Entgegen der weitverbreiteten Annahme mögen es Hunde nicht, am Kopf getätschelt zu werden. Dabei können sie nämlich nicht sehen, wo Ihre Hand ist, und viele Hunde mögen zwar Streicheleinheiten, aber kein Stakkato-Klopfen am Kopf. Die meisten Hunde bevorzugen, nachdem sie sich Ihnen genähert und Sie beschnuppert haben, ein sanftes Kraulen oder Streicheln unter dem Kinn oder rund um die Seite des Gesichts oder der Ohren.

Hunde und Spiel

Wie Menschen spielen auch Hunde ihr ganzes Leben lang. In dieser Hinsicht sind wir eine Ausnahme, denn die meisten Arten hören im Erwachsenenalter mit dem Spielen auf. Die Liebe zum Spiel verbindet uns also mit Hunden.

HUNDE BEIM SPIEL

Eine Körperhaltung, die fast so häufig zu beobachten ist wie ein wedelnder Schwanz, ist die Aufforderung zum Spiel: Der Hund verlagert sein Gewicht auf die Vorderpfoten und streckt sein Hinterteil hoch. Zwischen Hunden scheint das ein allgemein akzeptierter Code zu sein, nicht nur zu Spielbeginn, sondern auch in Pausen, um zu signalisieren, dass der Fänger zum Gejagten wird oder dass der Hund bereit ist, sein Spielzeug dem Spielgefährten zu überlassen.

Dass Hunde das Spielen an sich lieben, zeigt sich daran, dass ungleiche Hunde ihre Fähigkeiten oft dem anderen anpassen, um ein Spiel zu verlängern. Ein stärkerer Hund »überlässt« dann eine Zeit lang dem kleineren oder schwächeren ein begehrtes Spielzeug, nur um ihn dann jagen zu können, während ein schnellerer Hund oft langsamer läuft, damit ihn der andere einholen kann. Am Ende des Spiels wird wieder die natürliche Ordnung und soziale Stellung hergestellt, aber während des Spiels herrscht die Übereinkunft, dass nur das Spiel zählt.

Links: **Eine klassische Verbeugung und Aufforderung zum Spielen – zu beobachten bei jeder Hunderasse und egal bei welchem Spiel.**

CHECKLISTE
Spiel oder Ernst?

Hunde beim Spielen zu beobachten macht Spaß. Manchmal beginnen Hunde jedoch, verrückt zu spielen, und das Spiel wird aggressiv. Um zu erkennen, ob sich ein Spiel in die falsche Richtung bewegt, sollten Sie auf folgende Signale achten. Wenn Sie eines davon erkennen, unterbrechen Sie das Spiel und lenken Sie den Hund ab:

- 🐾 **GESCHLOSSENES MAUL.** Das Maul eines spielbereiten Hundes ist meist offen und wirkt »fröhlich«. Hat er sein Maul geschlossen und legt seine Schnauze in Falten, könnte er aggressiv geworden sein.
- 🐾 **FESTER BLICK.** Hunde kneifen ihre Augen zusammen, wenn sie entspannt sind. Starrt ein Hund einen anderen mit weiten Augen an, sollte man besser einschreiten.

- 🐾 **STILL STEHEN.** In jedem Spiel gibt es kürzere Pausen, wenn der Jäger zum Gejagten wird. Steht ein Hund jedoch mehr als eine Sekunde still da und starrt den anderen an, könnte aus dem Spiel Ernst geworden sein.
- 🐾 **OHREN NACH UNTEN UND AM KOPF ANLIEGEND.** Ein weiteres Zeichen für zu viel Intensität, die mit spielerischem Verhalten meist nichts mehr zu tun hat.

SPIELEN MIT HUNDEN

Obwohl Hunde beim Spielen sehr auf andere Hunde fixiert sein können, wählen die meisten auch gern Menschen als Spielgefährten. Hunde, die hauptsächlich im Kontakt mit Menschen und nicht mit andern Hunden aufgewachsen sind, spielen manchmal sogar bevorzugt mit Menschen.

Wenn Sie sich ein paar typische Signale aneignen, die Hunde lesen können, sind Sie für den Hund leichter als potenzieller Spielkamerad zu erkennen. Wenn Sie etwa den richtigen Moment für eine Pause erkennen, können Sie die Vorfreude und Aufregung Ihres Hundes erhöhen.

Variieren Sie das Spiel, sodass keinem von Ihnen langweilig wird. Spielvorschläge, die die Bindung zu Ihrem Hund noch verstärken und ihn mit Freude dazu bringen werden, Ihnen zu gehorchen, finden Sie im vierten Kapitel.

Auch wenn Hunde im Alter weniger spielfreudig werden, sind regelmäßige Spiele eine gute Abwechslung und sorgen dafür, dass Sie wertvolle Zeit miteinander verbringen. Interesse am Spiel kann den Geist eines alten Hundes jung halten und seine Fitness trainieren.

Spielstunden trainieren auch das Gedächtnis des Hundes, es lohnt sich also, mit Spielen und Spielzeug zu experimentieren, egal wie alt Ihr Hund ist oder welcher Rasse er angehört – möglicherweise überrascht er Sie sogar mit unentdeckten Fähigkeiten oder Talenten.

Sicher-
heit

Dieses Kapitel geht vielmehr auf das Verhalten von Hunden als auf Verhaltensprobleme ein. Dabei sollte auf jenes Bedürfnis hingewiesen werden, das allen Hunden gemein ist – das Gefühl, sich sicher zu fühlen und seine Rolle zu kennen.

Es ist nicht bekannt, inwiefern Hunde analytische Denker sind oder ob sie zwischen Arten unterscheiden können – also ob sie wissen, dass Menschen keine Hunde sind und umgekehrt. Erwiesen ist jedoch, dass Hunde nicht so rational denken wie Menschen und dass ein Hund,

Oben: **Ein Hund, der sich in seiner Umgebung nicht sicher fühlt, sucht Zuflucht bei seinem Frauchen im Vertrauen, dass sie ihm größten Schutz bietet.**

um glücklich und zufrieden zu sein, wissen muss, wo er seinen Platz hat. Ein Hund, der sowohl sozial als auch statusbewusst ist, kann völlig verloren sein, wenn er keine Anhaltspunkte hat, wo sein Platz im »Rudel« ist, auch wenn das Rudel aus Menschen besteht.

EINE AUFGABE

Als die meisten Hunde noch Arbeitstiere waren und nur selten als Haustiere gehalten wurden, standen für jeden Hund die jeweiligen Aufgaben im Vordergrund, egal ob es ein Jagd-, Hirten- oder Lastenziehhund war.

Heute werden die meisten als Kameraden auf vier Pfoten gehalten und haben kaum Aufgaben zu erfüllen. Hunde müssen jedoch ständig geistig und körperlich gefordert werden, da ein intelligenter, aber gelangweilter Hund Verhaltensprobleme entwickeln kann.

Es ist wichtig, dafür zu sorgen, dass ein Haushund nicht nur seinen Platz innerhalb seiner sozialen Umgebung kennt, sondern dass er diese Rolle auch ordentlich ausfüllen kann.

WER IST HIER DER BOSS?

Wenn ein Hund nicht weiß, wer sein »Rudel« anführt, nimmt er diese Rolle möglicherweise selbst ein. Verhaltensforscher sind sich einig, dass dies verschiedene Probleme verursachen kann. Wenn ein Hund glaubt, dass er der Herr im Haus ist, sieht er möglicherweise die Notwendigkeit, »seine« Kinder zu beschützen und (viel schlimmer) sie für Fehlverhalten zu maßregeln, so wie er es bei seinen Welpen tun würde. Gleichsam kann er unter Trennungsangst leiden, wenn seine Besitzer außer Haus sind und ihm sein Instinkt sagt, dass er Herr der Lage sein müsste – wie kann er seine »Leute« beschützen, wenn er nicht weiß, wo sie sind?

Dieses Problem muss nichts mit dem Status zu tun haben, aber könnte es, je nach Hund. Ein Hund braucht keinen Meister im herkömmlichen Sinn, aber wenn er in einem Haushalt mit Menschen lebt, macht es ihn glücklicher, geführt zu werden, als das Gefühl zu haben, er selbst müsse führen.

Oben: In der Wildnis birgt hoher Status große Verantwortung. Ein Hund, der das Gefühl hat, im Haus die Kontrolle haben zu müssen, kann aber zum Problemhund werden.

STATUS ZU HAUSE

Ein klarer Indikator für die Stellung eines Individuums ist seine Fähigkeit, das zu bekommen, was es möchte, etwa ein Spielzeug, mit dem gerade ein anderer Hund spielt. Wie sicher ein Hund ist, erkennt man daran, wie er versucht, das Gewünschte zu bekommen. Ein selbstbewusster Hund nimmt es sich einfach. Einer, der sich selbst einen Rang tiefer sieht, aber nach Höherem strebt, versucht, es zu bekommen, aber mit weniger Vehemenz. Einer, dem sein niedrigerer Status genügt, gibt zu verstehen, was er möchte, gibt aber schnell auf, wenn er es nicht gleich bekommt. Alle drei leben in einer Welt, in der die Regeln des Menschen gelten, sodass auch der Hund mit hohem Rang wissen muss, dass Sie über alles die Kontrolle haben und alles von Ihrem Wohlwollen abhängt.

Die Wahl des Hundes

Wenn Sie sich entschieden haben, dass Sie einen Hund möchten, müssen Sie sich auch für eine Rasse entscheiden. Mit oder ohne Stammbaum, groß oder klein, Energiebündel oder Stubenhocker? Bevorzugen Sie einen Welpen von einem Züchter oder ein älteres Tier aus dem Tierheim? Sie müssen sicher sein, dass der Hund, in den Sie sich verlieben, derjenige sein wird, für den Sie den Rest seines Lebens sorgen können, daher sollten Sie Ihre Hausaufgaben gut machen. Lesen Sie die folgenden Seiten gut durch und Sie ersparen dem Hund viel Schmerz, wenn er doch nicht in das Zuhause passt, das Sie ihm bieten können. Checklisten und Fragebögen sagen Ihnen, wie geeignet Sie für die Haltung eines Hundes sind, und helfen Ihnen, den Hund zu finden, dessen Kosten, Bewegungsdrang und natürliches Temperament am besten zu Ihrem Lebensstil passen.

Es werden die Vorteile und Nachteile eines Kaufs bei einem Züchter abgewogen und Sie erhalten Tipps, wie Sie den Hund Ihrer Träume im Tierheim finden. Darüber hinaus werden Sie besser erkennen, was Sie von Ihrem neuen Hund erwarten dürfen, bevor er bei Ihnen einzieht, sodass Sie die besten Voraussetzungen für eine erfolgreiche langfristige Beziehung schaffen können.

Warum ein Hund?

Bevor Sie sich für eine Rasse entscheiden, sollten Sie sich die Hunde in einem Tierheim ansehen. Überlegen Sie gut, weshalb Sie einen Hund möchten. Es gibt viele gute Gründe, sich einen Hund ins Haus zu holen, und ein paar, die weniger gut sind.

Je ehrlicher Sie mit sich selbst sind, desto leichter wird es, den richtigen Hund zu wählen. Fragen Sie sich, ob Sie einen Trainingspartner, einen Familienhund oder einen unterhaltsamen Gefährten wollen, der nicht zu viel verlangt und nicht zurückredet. Wie viel Zeit können Sie aufbringen?

Und natürlich sollten Sie auch überlegen, wie viel Geld Sie ausgeben können, nicht nur für die Anschaffung, sondern auch für die tägliche Haltung.

ÜBERLEGEN SIE GUT

Potenzielle Hundehalter überlegen oft nicht genau, warum sie sich einen Hund wünschen. Mitunter würden sie vielleicht nochmals ihre Meinung ändern, wenn sie sich die richtigen Fragen stellen würden. Hunde gelten als tolerante und liebevolle Gefährten, gute Trainingspartner und verspielte Kameraden, aber sie bedeuten auch langfristige Verantwortung. Man kann sie nicht einfach umtauschen, wenn sie Unannehmlichkeiten bereiten.

Schauen Sie sich die Liste mit den weniger guten Gründen für die Anschaffung eines Hundes an. Sie sind beliebte Beweggründe, führen aber selten zu einer glücklichen Situation. Kinder sind nicht geeignet, um sich

Unten: **Welpen werden größer. Kaufen Sie keinen Hund »für die Kinder«, wenn Sie selbst keinen wollen.**

Fragen Sie nicht zuerst »welcher Hund«? Die erste wichtige Frage lautet »Hund oder kein Hund«? Weshalb wollen Sie wirklich einen Hund?

Gute Gründe für einen Hund...

- Sie möchten fitter werden und denken, dass der Hund ein guter Ansporn für mehr Bewegung wäre.
- Sie haben Hunde schon immer gemocht und sind in ein Haus mit mehr Platz und einem großen Garten gezogen – Sie leben zum ersten Mal an einem Ort, der für Hunde geeignet ist.
- Sie haben sich gerade zur Ruhe gesetzt, Sie leben alleine und haben viel Zeit für einen Hund.
- Die Kinder wachsen heran und Sie und Ihre größeren Kinder hätten Spaß, mit einem Hund zu spielen und spazieren zu gehen.

... und ein paar weniger gute

- Die Kinder belästigen Sie damit seit geraumer Zeit und Sie gehen davon aus, dass die Kinder schon ordentlich für ihn sorgen werden.
- Sie wollten schon immer einen (Hunderasse hier eintragen); Ihnen gefällt einfach sein Aussehen.
- Sie sind den ganzen Tag in der Arbeit und Sie möchten einen anspruchslosen Kameraden am Abend.
- Ein Freund hat sich gerade einen entzückenden Welpen zugelegt und Sie wollen auch so einen.
- Sie arbeiten seit Kurzem von zu Hause und denken, der Hund leistet Ihnen Gesellschaft.

um Hunde zu kümmern, wenn sich die erste Euphorie einmal gelegt hat.

Legen Sie sich keinen Hund zu, bloß weil er nett aussieht. Wenn Sie sich nicht eingehend informieren, könnte das böse Erwachen drohen, sobald Sie seine weniger angenehmen Eigenschaften entdecken. Wenn Sie den ganzen Tag auswärts arbeiten und erwarten, dass Ihr Hund ruhig da sitzt, wenn Sie zurückkommen, ist das mehr als unrealistisch. Der entzückende Welpe Ihres Freundes? Wird nicht mehr ganz so entzückend sein, wenn es Ihr eigener ist.

GUTE GRÜNDE

Andererseits gibt es Dutzende Gründe, die für einen Hund sprechen. Hunde sind die besten Kameraden für aktive Menschen, die allein leben. Bettelnde Hundeaugen können sogar dem überzeugtesten Couch-Potato Beine machen; und manche verbinden möglicherweise den Umzug in ein Haus mit Garten mit der Anschaffung eines Hundes. Lassen Sie sich nicht davon abhalten, seien Sie nur realistisch, was Ihre Situation anbelangt, bevor Sie sich auf die Suche machen.

Was Hunde brauchen

Alle Hunde, egal welcher Rasse oder Größe, brauchen Futter und Wasser, Erziehung, ein bequemes Zuhause, Gesundheitsvorsorge und Bewegung. Da Hunde soziale Tiere sind, brauchen sie auch Gesellschaft. Regelmäßiges Spielen ist ebenso wichtig.

FÜTTERN

Der Futterbedarf von Hunden ist so unterschiedlich wie ihre Größe, daher variieren auch die Kosten. Machen Sie sich Gedanken über die Ernährung des Hundes und die Mengen, die er beim Züchter oder im Tierheim frisst, bevor Sie sich für ein Tier entscheiden. Ein kleiner Hund braucht keine großen Mengen, aber womöglich spezielle Nahrung. Ein großer Hund verschlingt mehr, begnügt sich aber vielleicht mit herkömmlichem Futter. Und natürlich besteht immer die

Gefahr, dass Sie einen großen Hund mit besonderen Nahrungsbedürfnissen bekommen, sodass die Ernährung nicht nur gut ausgewogen, sondern auch in beachtlichen Mengen vorhanden sein muss. Es gibt gesunde und preiswerte Möglichkeiten, jeden Hund satt zu bekommen, aber es ist gut zu wissen, ob man es mit einem Allesfresser oder einem Feinschmecker zu tun hat. Weitere Informationen finden Sie im dritten Kapitel. (Seite 98–101).

TRAINING

Auch wenn Sie nicht vorhaben, aus Ihrem Vierbeiner den Hund des Jahres zu machen, werden Sie viel Zeit in seine Erziehung stecken müssen. Bei einem Welpen bedeutet das auch, ihn stubenrein zu bekommen. Jeder Hund benötigt Erziehung, die sehr zeitaufwändig sein kann.

Unten: **Achten Sie bei der Einschätzung, was Ihr zukünftiger Hund fressen wird, nicht nur auf die Menge, sondern auch auf die Qualität.**

In den ersten 18 Monaten sollten es bei einem Welpen kurze Einheiten sein, in denen Sie Ihren Hund trainieren, und etwas längere bei einer Rasse, die langsamer heranwächst.

Ein erwachsener Hund wird meist schon ein bestimmtes Maß an Erziehung erfahren haben, benötigt aber höchstwahrscheinlich ein Auffrischtraining in seinem neuen Heim. Abrichtekurse können helfen, aber Sie dienen nur als Unterstützung zur Erziehung. Sie ersparen Ihnen keinesfalls die Arbeit.

Das Sauberkeitstraining zu Hause kann unterschiedlich lange dauern, je nach Rasse und Charakter des Hundes. Aber mit ziemlicher Sicherheit werden Sie ein paar Monate brauchen, bevor es keine »Unfälle« mehr im Haus gibt. Junge Hunde können nicht so lange warten wie erwachsene, stellen Sie also sicher, dass ein neuer Welpe am Beginn etwa jede Stunde ins Freie kann.

FELLPFLEGE

Wenn Sie sich für einen glatt- und kurzhaarigen Hund entscheiden, ist die Fellpflege keine größere Sache. Wenn Sie aber lange Haarmähnen lieben, werden Sie bald sehen, dass diese regelmäßige Pflege mit Wasser, Kamm und Bürste benötigen.

Hunde können sich nicht selbst bürsten, aber Haarknäuel und Knoten sind unbequem. Daher werden sie versuchen, es selbst zu machen, wenn Sie oder ein Profi es nicht tun. Beachten Sie die Tipps für Fellpflege, egal welchen Hund Sie im Auge haben. Einige Hunde haaren stark – entweder das ganze Jahr über oder

Oben: **Langes, dickes Fell benötigt viel und zeitaufwändige Pflege, besonders wenn Ihr Hund sich gerne in Wasser und Schlamm austobt.**

jahreszeitenabhängig –, andere verlieren fast gar keine Haare. Es ist wichtig, im Voraus zu wissen, womit man rechnen muss.

SCHLAFPLATZ

Fast alle Haushunde leben im Haus; wie viel Platz Sie Ihrem Hund überlassen, ist Ihre Entscheidung. Denken Sie vorausblickend – ein großer, überschwänglicher Hund mit Korb und Verschlag benötigt vielleicht mehr Platz als geplant. Sie entscheiden, ob Ihr Hund die Möbel benutzen und ins Schlafzimmer etc. darf. Die meisten Hunde brauchen ein wenig Zeit nur für sich, vor allem wenn es nur einen Hund im Haushalt gibt.

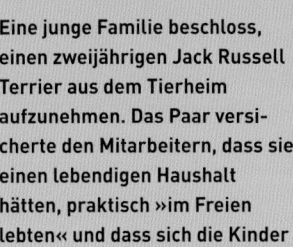
GESUNDHEITSVORSORGE

Ihr Hund braucht einen Tierarzt für regelmäßige Kontrolluntersuchungen, etwaige Krankheiten oder Notfälle. Der gesundheitliche Zustand kann von Tier zu Tier enorm variieren. Wie beim Menschen benötigen manche Hunde kaum mehr als einen jährlichen Check, andere wiederum haben fast jede Woche einen Termin beim Arzt.

Sie können sich zwar erkundigen, welche Probleme bei bestimmten Rassen zu erwarten sind, aber es ist nie genau vorherzusehen, wie viel ärztliche Betreuung ein Hund benötigt.

BEWEGUNG

Alle Hunde brauchen Bewegung, aber wie viel und welche Art hängt stark von Typ und Rasse ab. Die Größe liefert nicht immer einen Anhaltspunkt. Winzige Hunde benötigen, weil sie so klein sind, tatsächlich sehr wenig Auslauf, auch wenn sie viel Energie haben. Windhunde brauchen die Möglichkeit, zu laufen, ermüden aber recht schnell und sind zu Hause extrem still und leise, während junge Energiebündel wie Spaniel, Retriever und Collies nur langsam müde werden. Einige kleine, aber lebhafte Rassen – wie zum Beispiel viele Terrier – brauchen mehr Bewegung, als ihre kompakte Größe vermuten lassen würde. Wie Sie das regeln, hängt von Ihrem Lebensstil ab, aber die meisten Hunde brauchen einen langen oder zwei mittellange Spaziergänge pro Tag, plus ein paar kurze Ausläufe. Bedenken Sie, dass Hunde die meiste Energie morgens und abends haben. Im Fachjargon nennt man sie deshalb deshalb temporale

Spezialisten, sodass Abend- und Morgenspaziergänge am besten zu ihrer inneren Uhr passen.

SPIELEN

Spielen ist zwar kein Bedürfnis wie Nahrung und Bewegung, aber die meisten Hunde lieben es, zu spielen; egal ob mit anderen Hunden, oder ob sie allein einem Ball hinterherjagen, ein Spielzeug apportieren oder daran zerren. Wenn Sie die regelmäßigen Bewegungseinheiten für Ihren Hund planen, berücksichtigen Sie auch Zeit zum Spielen.

So geben Sie Ihrem Hund eine »Aufgabe« (sehr wichtig für traditionelle Arbeitsrassen, die geistige Stimulation ebenso benötigen wie reine Bewegung), schaffen Abwechslung bei den Spaziergängen und sorgen für ein gesundes und fröhliches Miteinander. Spielen kann für Hundehalter so positiv sein wie für den Hund selbst – Sie entspannen sich und bauen allein beim Beobachten des Hundes Stress ab.

VERSTEHEN

Auch wenn es ganz unten auf der Liste steht, ist das Verstehen von Hunden – vor allem des eigenen – nach modernen Erkenntnissen äußerst wichtig. Vor zwanzig oder dreißig Jahren hätten Besitzer nicht gedacht, dass sie sich in das Innenleben des Hundes hineinversetzen müssen. Dank all der Erkenntnisse der Verhaltensforschung ist es jedoch möglich geworden, dass Menschen ihre Hunde gut verstehen.

Dieses Wissen kann die Beziehung zum Tier stärken und Verhaltensauffälligkeiten verhindern, die sich nur aus Missverständnissen zwischen den Arten und nicht aus Charakterfehlern ergeben. Wenn Sie Ihren Hund verstehen wollen, müssen Sie sich die Zeit nehmen, ihn zu beobachten und sich in das Thema einlesen. Es ist die Mühe allemal wert und kostet fast nichts!

Unten: **Lebhafte Spieleinheiten mit anderen Hunden sorgen für eine ausreichende Sozialisierung des Hundes – und machen ihn müde.**

Was Hunde kosten

Hunde müssen nicht unbedingt viel kosten, doch jedes Tier erzeugt laufende Kosten. Um sicherzustellen, dass Sie sich einen Hund leisten können, empfiehlt es sich, eine jährliche Kostenprognose zu erstellen.

Bevor Sie sich für eine bestimmte Rasse oder Größe entscheiden, fragen Sie nach den zu erwartenden Kosten. Berücksichtigen Sie sowohl die einmaligen als auch die laufenden Kosten. Bei einigen Beträgen müssen Sie raten, doch selbst mit einem ungefähren Wert lassen sich unliebsame finanzielle Überraschungen verhindern.

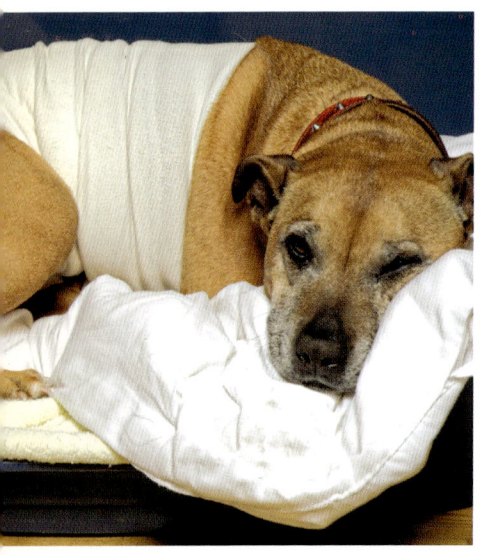

TIERARZTRECHNUNGEN

Tierarztbesuche sind bei Weitem die höchsten Kosten, die die meisten Hunde im Lauf ihres Lebens erzeugen. Sie können zwar einen Hund mit möglichst geringen angeborenen Gesundheitsrisiken wählen, doch am besten decken Sie die Kosten mit einer Tierversicherung (siehe Seite 157) ab.

Obwohl eine Vollversicherung kostspielig sein kann, lassen sich die monatlichen oder jährlichen Zahlungen im Voraus in Ihr Budget einplanen, sodass sie leichter zu bewältigen sind als eine große, unerwartete Rechnung bei einer schweren Erkrankung oder einem Unfall.

Tierarztrechnungen können bei komplizierten Operationen schon in die Tausende gehen. Suchen Sie online, in Tierarztpraxen, Magazinen etc. nach den besten Versicherungsangeboten und fragen Sie andere Besitzer, da diese oft schon Erfahrung mit verschiedenen Policen haben.

Links: **Ein kranker Hund kann sehr teuer werden – besonders wenn eine Operation oder langfristige medikamentöse Behandlung erforderlich ist.**

CHECKLISTE
Budget für einen Hund

Die Erarbeitung eines Budgets hilft Ihnen dabei, alle Faktoren zu erwägen, die mit der Haltung eines Hundes verbunden sind – nicht nur in finanzieller Hinsicht, sondern auch was den Zeitaufwand betrifft. Erstellen Sie eine Liste, damit Sie nichts vergessen:

Einmalige Kosten

🐾 HALSBAND/LEINE
Ein Welpe braucht, wenn er wächst, mindestens drei verschiedene Größen.

🐾 BETT BZW. HUNDE-KISTE
Kaufen Sie für einen Welpen eine verstellbare Hundekiste mit Abteilungen, die sich entfernen lassen. So müssen Sie keine neue kaufen, wenn er ausgewachsen ist.

🐾 SCHÜSSELN
Für Futter und Wasser.

🐾 PFLEGEGERÄTE
Bürste und Nagelknipser.

🐾 SPIELZEUG
Gummiball, Wurf-Spielzeug, Leckerchen.

GESAMTBETRAG:

Laufende Kosten

🐾 NAHRUNG
Finden Sie heraus, wie viel ein Hund derselben Größe frisst, und rechnen Sie es aufs Jahr auf.

🐾 TIERARZTKOSTEN
Berücksichtigen Sie dabei Impfungen, Versicherung, Entwurmung und Entflohung.

🐾 URLAUBSKOSTEN
Das variiert, wahrscheinlich fallen auch Kosten für Hunde-Sitter oder Tierpensionen an.

🐾 PFLEGE
Kalkulieren Sie mindestens zwei Hundesalon-Besuche pro Jahr ein, wenn Sie sich eine Rasse zulegen, die professionelle Pflege benötigt.

JÄHRLICHER GESAMTBETRAG:

GESAMTBETRAG FÜR DAS ERSTE JAHR:

Die eigene Situation

Sie haben sich angesehen, was Hunde brauchen und was ein Tier kostet. Werfen wir nun einen Blick auf Ihren eigenen Lebensstil und wie sich dieser mit einem Hund vereinbaren lässt. Bleiben Sie realistisch bei dem, was Sie zu geben haben.

Ein Mensch mit Vollzeitjob und stressigem Leben ist wohl nicht der ideale Besitzer für einen lebhaften, jungen Golden Retriever. Das bedeutet aber nicht, dass Sie Ihren Traumhund nicht in Ihr Leben integrieren können – vorausgesetzt, Sie sind bei Bedarf zu Kompromissen bereit.

HUNDE UND KINDER

Viele von uns erinnern sich mit großer Freude an die Hunde ihrer Kindheit, und ein Familientier kann eine schöne

Erfahrung für alle sein: Erwachsene, Kinder und Hund. Dennoch muss einer in der Famlie der primäre Betreuer des Hundes sein, und das wird nicht das Kind sein, wie sehr es auch um ein Tier bettelt und verspricht, alle Aufgaben zu übernehmen. Das Kind wird auch nicht die Kosten tragen. Wenn Sie also selbst keinen Hund möchten und nicht die Zeit oder das Geld haben, ordentlich für ihn zu sorgen, kaufen Sie nur den Kindern zuliebe keinen Hund.

Obwohl Hunde wunderbare Begleiter für ältere Kinder sein können, die mit ihnen umzugehen wissen, empfinden viele Hunde Kinder als furchteinflößend und unberechenbar. Kinder tun viele Dinge, die Hunde aufregen, von lautem Geschrei bis zu unerwarteten Umarmungen. Selbst auf einen sanftmütigen Hund kann ihr Verhalten beängstigend wirken, und ein nervöser oder leicht reizbarer Hund kann ängstlich, bissig und aggressiv werden. Daher ist es wichtig,

Links: **Kinder müssen lernen, sich Hunden gegenüber vorsichtig und ruhig zu verhalten.**

dass der Kontakt zwischen Kindern und Hunden immer unter Aufsicht eines Erwachsenen erfolgt. Die Kinder sowie der Hund sollten den Umgang miteinander lernen.

Bei der Wahl eines Familienhundes sollte nicht das Herz, sondern der Verstand entscheiden. Hören Sie sich an, was Züchter und andere Besitzer über eine bestimmte Rasse erzählen. Wenn es für Ihre Situation unpassend erscheint oder Sie keine Erfahrung mit Hunden haben und die von Ihnen bevorzugte Rasse viel Einsatz und Training erfordert, wählen Sie eine weniger anspruchsvolle Rasse, die sich leichter mit Ihrem Leben vereinbaren lässt.

Die Tierheime sind voll mit jüngeren Hunden, die als Welpen gekauft wurden, aber mit der Zeit zu viel Einsatz für eine junge Familie erforderten. Machen Sie nicht denselben Fehler. Unter Umständen ist es einfacher, sich von vornherein einen erwachsenen Hund zuzulegen, sodass Sie sich den Übergang vom niedlichen Welpen zum anspruchsvollen Hunde-Teenager ersparen können.

HUNDE UND URLAUB

Bedenken Sie auch, wer sich um Ihren Hund kümmert, wenn Sie einmal nicht da sein sollten. Hunde brauchen auch dann Gesellschaft, Nahrung und Auslauf. Werden Sie ihn in eine Tierpension geben, einen Hunde-Sitter engagieren oder ihn bei Freunden unterbringen? Machen Sie Reisen (Strandurlaub, Urlaub auf dem Land, Camping), bei denen Sie Tiere mitnehmen können oder solche, die das nicht zulassen? Was

Oben: **Von einem Urlaub haben sowohl Sie als auch Ihr Hund etwas.**

die Versorgung Ihres Hundes während Ihrer Abwesenheit betrifft, stehen Ihnen allerlei Möglichkeiten offen. Sie erfordern aber meist eine langfristige und sorgfältige Planung.

VERFÜGBARER RAUM

Denken Sie über Ihre Situation nach. Wo können Sie Ihren Hund spazieren führen? Gibt es einen Park in der Nähe oder ist es weit bis zu einem Ort, wo er ohne Leine herumtollen kann? Wann haben Sie Zeit für Spaziergänge? Wird Ihr Hund die meiste Zeit bei Ihnen verbringen oder muss er viele Stunden allein zu Hause sein?

Hunde sind sehr anpassungsfähig und können sich, sofern ihre Bedürfnisse erfüllt sind, überall wohlfühlen. Auf jeden Fall sollten Sie sich fragen, ob Sie in der Lage sind, einem Hund ein angenehmes Leben zu bieten.

Rassehund vs. Mischling

Wenn Ihr Herz für keine bestimmte Rasse schlägt, sollten Sie die Vorteile eines Mischlings bedenken, der das Ergebnis einer Kreuzung zwischen unterschiedlichen reinrassigen Hunden oder auch undefinierbaren Promenadenmischungen ist.

Besitzer besonders ungewöhnlicher Mischlinge können sich stundenlang beim Ratespiel amüsieren, welche Rasse nun im umfangreichen Stammbaum des Tieres für die besonderen Ohren verantwortlich ist.

Dank geplanter Paarung kann ein vollkommen neues Hunde-Exemplar erschaffen werden, das sich großer Nachfrage erfreut und unter Umständen selbst als Rasse angesehen wird.

Ein Beispiel dafür ist der Labradoodle (eine Mischung aus Labrador und Pudel). Ansonsten handelt es sich bei Mischlingen einfach um das zufällige Ergebnis einer ungeplanten Paarung.

VORTEILE VON MISCHLINGEN

Liebhaber von Mischlingen betonen nur zu gern die Vorteile dieser Hunde. Das stärkste Argument ist, dass Mischlinge nicht die gesundheitlichen Risiken vieler reinrassiger Hunde aufweisen. Einige Rassehunde stammen aus einer relativ kleinen Zuchtgruppe mit kleinem Genpool und werden seit Generationen gezüchtet, um bestimmte Aspekte ihres Aussehens zu verstärken – das flache Gesicht der Englischen Bulldogge etwa entstand nicht zufällig. Dabei werden aber oft genetische Störungen unvermeidbar gezüchtet, was viele beliebte Rassen für bestimmte Krankheiten und Probleme anfällig macht.

Links: **Ein erstklassiger Jagdhund ist nicht immer auch als Familienhund geeignet.**

Verantwortungsvolle Züchter werden zwar alles tun, um diese Veranlagungen bei der Weiterzucht zu vermeiden, doch ist nicht gesagt, dass es ihnen auch gelingt. Mischlinge, die über einen unbegrenzten Genpool verfügen, haben oft eine bessere Konstitution.

Dasselbe gilt für das Temperament. Charakterschwächen können ein unwillkommener Nebeneffekt von Überzüchtung sein, obwohl ein guter Züchter auch hier alles versuchen wird, um diese zu vermeiden. Das bedeutet natürlich nicht, dass ein Mischling einen einwandfreien Charakter und Gesundheitszustand hat. Doch die Chancen stehen etwas besser.

Rechts: **Mischlinge gibt es in allen Formen und Größen; die meisten Besitzer machen sich Gedanken, welche Vorfahren ihr Tier wohl hatte.**

WO SIE MISCHLINGE FINDEN

Der erste Ansprechpartner bei der Suche nach einem Mischling ist das örtliche Tierheim (siehe Seiten 64–67), wo Sie eine große Auswahl, vielleicht sogar Welpen, finden. Mischlinge kann man oft auch über Freunde oder Familienkontakte ausfindig machen.

Der Nachteil eines Mischlingswelpen mit unbekannten Eltern ist, dass man nicht genau weiß, wie groß er werden und welche Eigenschaften er haben wird. Wenn Sie keine Überraschungen mögen, wählen Sie einen erwachsenen Mischling.

MISCHLINGE – DER NEUESTE TREND

Nicht nur der Labradoodle ist in den letzten Jahren in Mode gekommen. Andere »Kreationen« mit drolligen Namen sind der Cockapoo (Cocker Spaniel/Pudel), der Puggle (Mops und Beagle) und der Poogle (Beagle und Pudel), der Jack-a-bee (Jack Russell Terrier/Beagle) und der Schnoodle (Zwergschnauzer/Pudel). Natürlich muss jede neue Rasse irgendwo anfangen, und was bietet sich dazu besser an als zwei unterschiedliche, aber bereits beliebte Rassen? Pudel und Beagle sind besonders stark bei diesen neuen Mischungen vertreten, wahrscheinlich weil beide Rassen für ihr angenehmes Temperament bekannt sind. Darüber hinaus ist das lockige, nicht haarende Fell des Pudels ideal für Allergiker. Dieser Vorteil findet sich auch in Pudelmischungen, wodurch sich ihre Popularität zumindest ein bisschen erklärt.

Hunde-gruppen

Einst wurden Hunde nach der Arbeit eingeteilt, die sie verrichteten, also in Hirtenhunde, Jagdhunde oder Wachhunde. Ferner wurden sie danach beurteilt, wie gut sie ihre Aufgaben erfüllten – das Aussehen war zweitrangig.

In den letzten 100 Jahren wurden viele Rassen mit Stammbaum eher ihrem Aussehen als ihrem Nutzen nach ausgewählt.

WAS IST DAS ERBE?

Auch wenn ein Rassehund nicht direkt von Arbeitshunden abstammt, sollten Sie darauf achten, für welche Arbeit er ursprünglich gezüchtet wurde, denn die bewusste Züchtung über Generationen hinweg wird nicht so schnell ausgelöscht. Der amerikanische und

Links: **Ein typischer Spaniel, der dazu gezüchtet wurde, aufzustöbern und zu apportieren.**

der britische Kennel Club teilen die Hunderassen in sieben Gruppen ein, während die Fédération Cynologique Internationale die folgenden zehn Gruppen anerkennt.

Hütehunde und Treibhunde

Sie wurden ursprünglich dazu gezüchtet, Nutztiere, von Schafen bis Kühen, zu hüten bzw. Herden von einem Ort zum anderen zu treiben. Die Gruppe reicht vom Deutschen und Belgischen Schäferhund bis zum Welsh Corgi und umfasst auch Collies. Im Allgemeinen besitzen diese Hunde viel Elan und Intelligenz. Sie sind bereichernde, aber auch anspruchsvolle Gefährten, da sie sowohl körperliche als auch geistige Beschäftigung brauchen. Sie sind keine gute Wahl für Stubenhocker. Wenn sie ordentlich trainiert und sozialisiert werden, sind diese Hunde gute Familientiere.

Pinscher und Schnauzer – Molossoide – Schweizer Sennenhunde und andere Rassen

Die zweite Gruppe umfasst eine Reihe von Rassen, die wenig gemeinsam

URINSTINKT **Individualität**

Vergessen Sie nie, dass ein Rassehund nicht nur ein Beispiel selektiver Züchtung ist, sondern auch ein Produkt seines spezifischen Umfeldes, und dass er eine eigenständige Persönlichkeit hat. So sorgsam die Züchtung auch erfolgt, es gibt immer wieder Hunde, die von der Norm abweichen und nicht die erwarteten Charakteristika ihrer Rasse aufweisen: ängstliche Deutsche Schäferhunde, Border Collies, die sich überhaupt nicht für Schafe interessieren, und entspannte, ruhige Jack Russell Terrier. Individualität zeigt sich ebenso stark bei Hunden wie beim Menschen, und die Züchtung erhöht zwar die Chancen auf die gewünschten Eigenschaften, ist aber keine hundertprozentige Garantie.

haben. Schnauzer, Boxer, Shar-Pei, Bernhardiner und Rottweiler zählen zu dieser Kategorie, und jeder von ihnen hat seinen eigenen Charakter. Wenn Sie einen Hund aus dieser Gruppe in Erwägung ziehen, sollten Sie sich genau über die Rasse erkundigen. Viele von ihnen sind von großer Statur mit entsprechender Persönlichkeit und benötigen ein geduldiges, konsequentes und ständiges Training. Ist dies der Fall, können sie tolle Haustiere sein. Sie können allerdings für Hunde-Unerfahrene zu groß und zu aktiv sein.

Terrier

Diese Hunde wurden zur Verfolgung verschiedener Wildtiere, von Füchsen bis Ratten, gezüchtet. Terrier besitzen eine enorme Ausdauer, sind zielstrebig und oft rauflustig. Zu dieser Gruppe zählen ein paar der eifrigsten Buddler (und Beller) des Hundereichs. Sie sind als Haustiere beliebt, können aber schwer erziehbar sein. Sie besitzen zwar Charakter, zählen aber selbst bei guter Erziehung meist nicht zu den friedlichsten Tieren.

Dachshunde

Dachshunde oder Dackel wurden ursprünglich speziell zur Jagd im Dachs- und Fuchsbau gezüchtet. Sie sind nach wie vor hervorragende Jagdhunde, werden heute aber auch gern als Familienhunde gehalten. Es heißt, Dackel seien schwer erziehbar,

Rechts: **Das pflegeaufwändige Fell des Afghanen verbirgt den hochgewachsenen Körperbau des schnellen und geschickten Jagdhundes.**

doch mit konsequenter Ausbildung entwickeln sie sich zu idealen Begleitern und kinderfreundlichen Familienhunden.

Spitze und Hunde vom Urtyp

Spitze und Hunde vom Urtyp stammen aus den verschiedensten Teilen der Welt und unterscheiden sich in Bezug auf Verhalten und Charakter stark voneinander. Auch ihre Aufgaben variieren – sie werden als Jagd-, Hüte- und Wachhunde sowie als Schlittenhunde eingesetzt. Somit zählen so verschiedene Rassen wie der Deutsche Spitz, der Siberian Husky, der Chow-Chow oder der Akita zur selben Gruppe. Sie sind nicht immer leicht zu erziehen, da sie meist einen starken Willen haben.

Laufhunde, Schweißhunde und verwandte Rassen

Hunde dieser Gruppe zeichnen sich durch einen außergewöhnlich guten Geruchssinn aus, weswegen sie seit Jahrhunderten als Jagdhunde eingesetzt

werden. Zu dieser sehr großen Gruppe zählen der beliebte Basset, der Dalmatiner und der Beagle. Ihr Aussehen ist unterschiedlich, da sie in Hinblick auf die jeweiligen Anforderungen bei der Jagd gezüchtet wurden. Gemein ist ihnen allen ein hoher Bewegungsdrang: Sie benötigen viel Auslauf und sind daher als Wohnungshunde nicht geeignet.

Vorstehhunde

Vorstehhunde sind jene Hunde, die das »Vorstehen« beherrschen, d. h., sie verharren lautlos vor dem gefundenen Wild und zeigen dem Jäger an, wo sie es gefunden haben, ohne es zu früh aufzuscheuchen. Sie sind speziell darauf abgerichtet, die Beute nicht selbst zu erjagen. Zu dieser Gruppe zählen etwa der Deutsch Langhaar, der English Setter, der Französische Vorstehhund oder der Weimaraner. Auch diese Jaghunde benötigen sehr viel Auslauf und sollten daher nicht in der Stadt gehalten werden.

Links: **Ein Border Collie: eine der cleversten und gelehrigsten, aber auch aktivsten Rassen.**

Links: **Dank ihres besonderen Aussehens ist die Englische Bulldogge unverkennbar.**

Apportierhunde – Stöberhunde – Wasserhunde

Diese Hunde wurden ursprünglich gezüchtet, um Wild ausfindig zu machen. Stöberhunde sollen das Wild dem Jäger zutreiben, Apportierhunde sollen es dem Jäger bringen, also apportieren. Das Erbe lebt in vielen Rassen weiter, vor allem im Labrador und Golden Retriever, die stark vom Wasser angezogen werden. In dieser Gruppe finden sich viele Hunde, die als Familientiere geschätzt werden, etwa Spaniels. Die meisten von ihnen brauchen viel Bewegung. Sie sind tolle Haustiere, vorausgesetzt sie haben aktive Besitzer, die viel Zeit für Training und Spaziergänge haben.

Gesellschafts- und Begleithunde

Ihre Palette reicht von sehr kleinen bis ganz winzigen Tieren, die daher zu den meisten Besitzern und Lebensstilen passen. Mops, Pudel, Pekinese und Chihuahua fallen alle in diese Kategorie. Obwohl sie oft sehr aktiv sein können, brauchen sie aufgrund ihrer geringen Größe nicht viel Bewegung.

Die meisten sind intelligent und gut erziehbar. Mitunter sind sie zu klein und verletzlich für kleine Kinder und nicht robust genug für andere Haustiere. Sie passen am besten zu einem hingebungsvollen Besitzer, der die einzige Bezugsperson ist. Trotz ihrer geringen Größe sind viele dieser Rassen sehr selbstbewusst und nehmen sich sehr wichtig. Daher ist es unbedingt notwendig, sie ordentlich zu erziehen und zu sozialisieren, damit aus ihnen keine Tyrannen im Taschenformat werden.

Windhunde

Windhunde wurden dazu gezüchtet, der Beute auf Sicht hinterherzujagen. Zu ihnen gehören einige der schnellsten Hunde der Welt, wie der elegante Afghane und der Barsoi. Sie brauchen regelmäßig Auslauf, wenn auch nur kurze Spurts. Wenn sie unangeleint laufen können, sind Windhunde zu Hause oft ganz zahm. Generell kann man es einem Windhund aber kaum abgewöhnen, kleineren Tieren hinterherzujagen.

Welpen finden

Wenn Sie sich für eine Rasse entschieden haben und den Hund von klein auf aufziehen möchten, müssen Sie einen seriösen Züchter finden. Das ist mitunter nicht die billigste Variante, an einen Rassehund zu kommen.

WIE GUTE ZÜCHTER ARBEITEN

Gute Züchter wählen die Zuchtpaare sorgfältig aus und sind bestrebt, bekannte genetische Schwächen auszuschalten (auf die fast alle Rassehunde anfällig sind). Sie sind auch bereit, offen mit Ihnen über die genetischen Gesundheitsprobleme der Rasse zu sprechen.

Verantwortungsvolle Züchter lassen die Welpen bei der Mutter, bis sie mindestens acht Wochen alt sind. Sie nutzen diese Zeit, um mit der Sozialisation der Welpen zu beginnen und sie an verschiedene Erfahrungen zu gewöhnen. Sie geben gut auf die Zuchtmütter acht und vergewissern

sich, dass die Welpen gesund und stark genug sind und dass zwischen den Würfen genug Zeit liegt. Ein Züchter sollte in der Lage sein, für die Konstitution und das Temperament der Mutter und des Vaters des Wurfs zu bürgen.

Ein Züchter hat wahrscheinlich genauso viele Fragen an Sie wie Sie an ihn. Er wird sich vergewissern, dass seine Welpen an einen guten Platz und zu Besitzern kommen, die die Bedürfnisse der jeweiligen Rasse kennen. Ein guter Züchter wird auch jederzeit bereit sein, einen Hund zurückzunehmen, wenn sich Ihre Lebensumstände ändern und Sie ihn nicht mehr behalten können.

Links: **Die meisten Rassehunde haben irgendwelche Gesundheitsprobleme. Viele Gesellschafts- und Begleithunde haben Schwierigkeiten, ihre Jungen auf natürliche Weise zur Welt zu bringen.**

HÄNDE WEG

Welpen aus der Tierhandlung oder von Züchtern, die online oder in Kleinanzeigen inserieren, mögen als einfachere (und billigere) Option beim Kauf eines Welpen erscheinen.

Ein solcher Kauf ist aber keine gute Idee. Sie haben keine Garantie bezüglich der Gesundheit des Welpen und keinen Ansprechpartner, wenn später Probleme auftreten. Im schlimmsten Fall erhalten Sie so einen Welpen aus einer Zuchtfarm.

Diese werden einzig aus Profitgier geführt und missbrauchen Hündinnen regelrecht als Zuchtmaschinen. Die Tiere leben meist unter schrecklichen Bedingungen. Die Hündinnen sind in winzige Boxen eingepfercht und müssen einen Wurf nach dem anderen in einer unfreundlichen Umgebung großziehen, die für die Welpen wenig förderlich ist. Von den ethischen Fragen abgesehen ist es sehr unwahrscheinlich, dass Sie hier den Welpen finden, den Sie wollen.

WIE MAN ZÜCHTER FINDET

Bedenken Sie, dass Ihnen große Anzeigen oder schön gestaltete Websites nicht unbedingt das verraten, was Sie über einen Züchter wissen wollen. Besser Sie informieren sich bei einem Rasseclub vor Ort, beim Tierarzt oder gleich beim Besitzer des Hundes. Von ihnen allen werden Sie am ehesten unvoreingenommene Informationen erhalten.

Setzen Sie sich mit mehr als einem Züchter in Verbindung (bei seltenen Rassen oft leichter gesagt als getan), und seien Sie darauf vorbereitet, auf einen Welpen warten zu müssen. Nur

CHECKLISTE
Fragen an den Züchter

- 🐾 Gibt es jemanden, der von ihm einen Hund gekauft hat und mit dem Sie sprechen könnten?
- 🐾 Hat die Rasse genetische Probleme, und wenn ja, sind solche in einem der vorigen Würfe aufgetreten?
- 🐾 Wie viele Zuchtweibchen hat er und wie viele Würfe haben diese pro Jahr?
- 🐾 Können Sie den Hund zurückbringen, wenn Sie nicht mehr für ihn sorgen können?
- 🐾 Mit welchem Alter können Sie den Welpen abholen? Ist er entwurmt und geimpft?
- 🐾 Sind für alle Welpen vollständige Papiere erhältlich? Erkundigen Sie sich online bei einem Hundezuchtverein oder bei Ihrem Tierarzt, wie die Papiere aussehen müssen, damit Sie keine Fälschungen erhalten.

wenige Züchter werden sofort einen Welpen parat haben.

Vereinbaren Sie am Ende des Telefongesprächs einen Besuch. Wenn Ihnen das, was Sie sehen, zusagt, bitten Sie den Züchter, Ihnen einen Welpen aus dem nächsten Wurf zu reservieren. Wenn Sie nicht vorhaben, Ihren Hund zur Schau zu stellen, machen Sie klar, dass Sie ein Haustier suchen und keinen Schauhund.

Notvermitt-lungsstellen

Wenn Sie vorhaben, sich einen Rassehund zuzulegen, es aber kein Welpe vom Züchter sein soll, finden Sie Ihren idealen Hund vielleicht in einer Notvermittlungsstelle. Für fast jede Rasse gibt es einen Klub, der Hunde an neue Besitzer vermittelt.

WAS IST EINE NOTVERMITTLUNGSSTELLE?

Notvermittlungsstellen sind Vermittlungsstellen für Hunde einer bestimmten Rasse. Sie werden meist von Personen betrieben, die auf diese Rasse spezialisiert sind, und nehmen oft nur Hunde dieser Rasse auf. Die Geschichten der Hunde sind vielfältig: Manche wurden misshandelt, manche von ihren Besitzern abgegeben, da sie aus unterschiedlichen Gründen nicht mehr für sie sorgen konnten, manchmal stammen sie von Tierheimen, die die Tiere in die spezielle Obhut einer Notvermittlungsstelle geben wollten. Wie Tierheimen mangelt es auch Notvermittlungsstellen an finanziellen Mitteln. Die meisten vermitteln Hunde wie Tierheime gegen eine Schutzgebühr.

Wenn Sie einen Hund in einer Notvermittlungsstelle suchen, hat dies mehrere Vorteile. Zunächst einmal kennen sich die Betreuer sehr gut mit der spezifischen Rasse aus und wissen über alle Charakterfacetten der Tiere in ihrer Obhut Bescheid. Dadurch können sie Ihnen dabei behilflich sein, aus den Hunden den richtigen auszuwählen.

Zudem werden Sie eine umfassende Beschreibung der Rasse bekommen. Die eine oder andere Tatsache wird Ihren Traum vom »perfekten« Hund dabei vielleicht trüben, aber Sie wissen dann wenigstens, worauf Sie sich einlassen. Die Hunde in Notvermittlungsstellen werden meist auch untersucht, sodass Ihnen die Mitar-

Links: **Die Hunde in Notvermittlungsstellen werden nicht in Zwingern gehalten.**

beiter eingehende Informationen zu jedem einzelnen Tier geben können.

In Notvermittlungsstellen findet man selten Welpen, was ein weiterer Vorteil sein kann. Bei erwachsenen Hunden wissen Sie nämlich genau, worauf Sie sich in Hinblick auf Größe und mitunter auch Temperament einlassen.

Wenn Sie sich für ein Tier aus einer Notvermittlungsstelle entscheiden, bekommen Sie nicht nur die Rasse, die Sie suchen, sondern Sie schenken auch einem herrenlosen Hund ein neues Zuhause.

PRÜFVERFAHREN

Die Mitarbeiter der Notvermittlungsstelle sind sehr bestrebt, die Hunde auf Dauer und an gute Plätze zu vergeben. Viele Interessenten betrachten sich als Tierretter und erwarten, dass sie die Hunde gleich mitnehmen können. Sie sind daher umso erstaunter, dass sie zuvor einem eingehenden Prüfverfahren unterzogen werden.

Mit diesem Verfahren wird festgestellt, ob Sie als Besitzer für den Hund geeignet sind, denn gerade *weil* es sich um in Not geratene Hunde handelt, möchten die Mitarbeiter vermeiden, dass das Tier erneut zurückgebracht wird.

Lassen Sie sich von den vielen Fragen nicht abschrecken. Die Mitarbeiter möchten einfach sicherstellen, dass die Vermittlung erfolgreich ist und der Hund einen passenden Platz findet.

Manche Vereine bestehen sogar darauf, den Hund in seinem neuen Zuhause besuchen zu dürfen.

Rechts: **Nehmen Sie sich Zeit für ein Gespräch mit den Mitarbeitern der Notvermittlungsstelle; sie verfügen meist über eingehendes Wissen zu einer bestimmten Rasse.**

Tierheim-Hunde

Wenn Sie keinen Wert auf den Stammbaum Ihres Haustiers legen und ein erwachsenes Tier bevorzugen, dann versuchen Sie Ihr Glück im örtlichen Tierheim. Aber Achtung: Die Versuchung ist groß, dass Sie fast alle Tiere mitnehmen möchten.

Im Durchschnitt sind drei Viertel der Tierheim-Hunde Mischlinge. Zudem handelt es sich meist um ältere Tiere. Die Gründe dafür sind, dass erwachsene Hunde am schwierigsten zu führen sind, sodass weniger einsatzbereite Besitzer an diesem Punkt gern aufgeben. Auch verursachen ältere Hunde aufgrund gesundheitlicher Probleme höhere Kosten.

Unten: Denken Sie bei Ihrem Besuch an Ihre Prioritäten, bleiben Sie in weniger wichtigen Belangen aber flexibel.

WIE TIERHEIME ARBEITEN

Manche Tierheime werden von Tierschutzorganisationen geführt, andere von örtlichen Behörden oder Privatpersonen. Die größten beherbergen Hunderte von Hunden, die kleinsten nur wenige. Auch die Grundsätze und Regeln bezüglich Adoption variieren, es gibt jedoch einige Gemeinsamkeiten.

Wenn ein Hund bei seiner Ankunft im Tierheim noch nicht kastriert ist, bestehen die meisten Tierheime darauf, das nachzuholen, bevor der Hund adoptiert wird. Damit will man

eine weitere unbeabsichtigte Vermehrung der Tiere verhindern. Nur wenige Tierheime nehmen die Kastration erst vor, nachdem ein neuer Besitzer gefunden wurde (in manchen Fällen wird man Sie bitten, diese Kosten zu übernehmen).

Wenn Sie einen unkastrierten Hund bevorzugen, müssen Sie dies der Tierheimleitung mitteilen.

DEN HUND NÄHER KENNEN-LERNEN

Viele Tierheime haben nicht nur einen eigenen Raum oder Bereich, wo Sie sich mit dem Hund Ihrer Wahl vertraut machen können, sondern geben Ihnen auch die Möglichkeit, den Hund und sein Verhalten näher kennenzulernen. Beim gemeinsamen Spaziergang können Sie herausfinden, wie Sie mit ihm zurechtkommen. In seltenen Fällen ist es auch möglich, den Hund für einen Probetag mit nach Hause zu nehmen.

Das ist vernünftig, da sich ein Hund, der im Tierheim ruhig und traurig wirkt, beim Spaziergang oder in häuslicher Umgebung von einer ganz anderen Seite zeigen kann.

Die Tierheime setzen vor der Adoption einen Mindestbetrag fest, die sogenannte Schutzgebühr. Das soll Sie aber nicht davon abhalten, nach Möglichkeit auch mehr zu spenden. Tierheime leiden meist unter chronischem Geldmangel und die meisten geben für die Hunde in ihrer Obhut das Beste.

Sollten Sie nach der Adoption nicht mit dem Hund zurechtkommen, ist es meist möglich, ihn zurückzugeben.

CHECKLISTE
Vorbereitungen für den Besuch im Tierheim

LASSEN SIE SICH NICHT ERWEICHEN. Notieren Sie Ihre Prioritäten als Gedächtnisstütze auf einem Zettel. Es ist eine gute Sache, bei der Suche nach dem idealen Hund ein wenig flexibel zu sein, aber es ist eine ganz andere, mit einem Hund nach Hause zu kommen, der doppelt so groß und vier Mal so aktiv ist, als Sie wollten, bloß »weil er so traurig geblickt hat«.

GEHEN SIE ALLEIN oder mit einem Freund oder Partner. Nehmen Sie niemanden mit, der Ihr Urteil ins Wanken bringt, sondern der Sie daran erinnert, was Sie ursprünglich wollten.

BLEIBEN SIE STANDHAFT Wenn Sie eine Katze besitzen und die Angestellten im Tierheim sagen, dass sich der Hund Ihrer Wahl nicht gut mit Katzen verträgt, reden Sie sich nicht ein, dass Sie bestimmt miteinander auskommen werden.

BEWAFFNEN SIE SICH mit Leckerchen. Wenn Sie einen Hund sehen, mit dem Sie sich vertraut machen wollen, erleichtern ein paar leckere Happen Ihre erste Begegnung.

Oben: **Bieten Sie dem Hund beim ersten Treffen ein Spielzeug an, um zu sehen, wie wichtig ihm Dinge sind.**

DIE ERSTE BEGEGNUNG

Warten Sie, bis Sie durchs ganze Tierheim spaziert sind und sich alle Hunde öfter angesehen haben, bevor Sie entscheiden, wen – wenn überhaupt – Sie gerne näher kennenlernen würden. Wenn Sie sich für einen Hund interessieren, bringt ihn meist ein Mitarbeiter zu Ihnen in einen Raum oder Bereich fernab der Zwinger.

In manchen Tierheimen ist dieser Bereich möbliert; setzen Sie sich in diesem Fall hin und geben Sie sich möglichst entspannt. Ist der Hund nervös, wird ihn das beruhigen.

Oft bleibt der Mitarbeiter bei der ersten Begegnung im Raum. Sehen Sie sich den Hund genau an. Geht er auf Sie zu oder weicht er zurück? Scheint er in einer guten Verfassung zu sein?

Der Leitfaden zur Körpersprache im ersten Kapitel hilft Ihnen, seine Gefühle zu deuten. Starren Sie ihn nicht an und halten Sie keinen zu langen Augenkontakt. Blicken Sie sich um und plaudern Sie in entspanntem Ton mit dem Mitarbeiter.

Fragen Sie, ob Sie dem Hund ein Leckerchen geben dürfen. Wenn ja, werfen Sie es in Ihrer Nähe zu Boden. Wenn er gierig frisst und sich Ihnen nähert, füttern Sie ihn noch mit ein, zwei Happen aus der Hand. Wenn er nicht nervös wirkt, können Sie ihn auffordern, »Sitz« zu machen, bevor er eine Belohnung bekommt. Wenn er einmal zurückweicht oder bellt, ist das kein Problem. Hunde im Tierheim haben oft wenig Kontakt zu Menschen und werden daher bei dieser ersten Begegnung oft übereifrig oder nervös.

Bleibt der Hund freundlich und entspannt, streicheln Sie ihn etwas, um zu sehen, ob er Körperkontakt mag. Beschränken Sie sich auf die Seite des Körpers, die Brust oder den Bereich unter dem Kinn, und gehen Sie sanft vor – nicht tätscheln, auch nicht am Kopf (die meisten Hunde hassen das), und nicht umarmen.

TIERHEIME ONLINE

Viele Tierheime haben Onlinelisten der zu vergebenden Hunde, gemeinsam mit Fotos und einer Kurzbeschreibung. Wenn Sie gern am Computer recherchieren, kann Ihnen das Zeit sparen und einen umfassenden Überblick über die verfügbaren Hunde der örtlichen Tierheime verschaffen. Nachdem Sie ein Tierheim ausgesucht haben, können Sie ihm einen Besuch abstatten.

Worüber Sie sich im Tierheim erkundigen sollten

Wenn die Begegnung gut läuft und Sie ein gutes Gefühl bei einem Hund haben, stellen Sie, bevor Sie sich entscheiden, ein paar Fragen:

- Wie viel wissen die Mitarbeiter über das Leben des Hundes? Wurde er von einem Besitzer weggegeben? War er ein Streuner oder wurde er aus schlechten Verhältnissen gerettet?
- Wie alt ist er oder sie? (Oft erhalten Sie nur eine Schätzung, wenn der Hund ausgesetzt wurde.)
- Hat das Tierheim einen Wesenstest durchgeführt? Was kam dabei heraus? Die meisten Tierheime machen einen Wesenstest, bevor der Hund angeboten wird. Ist das nicht der Fall, ist das kein Anzeichen für ein gutes Tierheim. Bitten Sie um einen Wesenstest; ist die Antwort »nein«, ziehen Sie ein anderes Tierheim in Erwägung.

- Gibt es einen Mitarbeiter, der dem Hund sehr nahe stand? Wenn ja, könnten Sie mit ihm sprechen?
- Verträgt sich der Hund mit anderen Hunden? Ist er freundlich zu Kindern?
- Hat der Hund Anzeichen von Aggressivität gezeigt, seitdem er ins Tierheim gebracht wurde?
- Wie ist der Gesundheitszustand des Hundes? Hatte er eine medizinische Behandlung, seitdem er ins Tierheim kam? Da alle Tierheimhunde bei ihrer Ankunft tierärztlich untersucht werden, können Sie so herausfinden, ob er schwere Gesundheitsprobleme hat.

NACH DEM TREFFEN

Das Tierheim verlangt mitunter, dass sich jemand vorher Ihr Zuhause ansieht. Wenn Sie andere Haustiere haben, fragen Sie, ob Sie den Hund mitnehmen können, um zu sehen, ob die Tiere miteinander auskommen. Selbst wenn Ihnen die Mitarbeiter versichert haben, dass der Hund freundlich zu Kindern ist, sollten sich Hund und Kinder unbedingt vorher kennenlernen. Wenn Sie nicht absolut sicher sind, den idealen Hund gefunden zu haben, schlafen Sie lieber eine Nacht darüber, bevor Sie sich endgültig entscheiden.

Rechts: **Die Mitarbeiter im Tierheim haben mitunter nicht genug Zeit für die Pflege des Hundes; mit entsprechender Behandlung zu Hause kann sich der Schmutzfink jedoch als wahre Schönheit entpuppen.**

Nach der Wahl

Nachdem Sie sich für einen Hund entschieden haben, ist es an der Zeit, Ihre Wahl bekanntzugeben und einen Abholtermin zu vereinbaren. Planen Sie gut im Voraus, damit sich die Fahrt und die Ankunft zu Hause möglichst unproblematisch gestalten.

VON EINEM ZÜCHTER

Viele Züchter haben Wartelisten, sodass Sie mitunter einige Monate bis zum nächsten Wurf warten müssen. Welpen werden in der Regel im Alter von rund acht Wochen an ein neues Zuhause vergeben.

Lebt der Züchter weiter entfernt, vergessen Sie nicht, das Auto mit einer Welpenbox, sauberen, alten Handtüchern oder Decken und Feuchttüchern auszustatten.

Ein erfahrener Züchter wird den Welpen am Morgen seiner ersten Autofahrt nicht füttern. Am besten warten Sie mit der Fütterung, bis Sie zu Hause angekommen sind, sonst könnte dem Welpen bei der Autofahrt übel werden. Ihr Welpe könnte auch so erbrechen, halten Sie also ein Handtuch bereit, damit Sie ihn bei Bedarf sauber machen können.

Handelt es sich um eine ein- bis zweistündige Fahrt, empfiehlt es sich, eine Wasserflasche und eine kleine Schüssel mitzunehmen, sodass Sie dem Welpen auf der Reise zu trinken geben können.

CHECKLISTE
Einen Welpen vom Züchter abholen

Denken Sie vor der Heimreise an Folgendes:

- Bitten Sie um die Papiere Ihres Tieres.
- Bitten Sie um Aufzeichnungen über die ersten Impfungen und die Entwurmung des Welpen. Sie brauchen sie beim Tierarzt.
- Erkundigen Sie sich, was, wie oft und wie viel der Welpe frisst. Die meisten Züchter geben Ihnen ein Merkblatt, wenn nicht, fragen Sie danach.
- Fragen Sie, ob Sie etwas haben können, das bekannt riecht, um dem Welpen bei der Eingewöhnung zu helfen. Viele Züchter geben Ihnen eine Decke oder ein Spielzeug, das nach »Zuhause« riecht.

AUS DEM TIERHEIM

Die Lage in Tierheimen ändert sich rasch, daher haben Sie nicht so viel Zeit, sich auf einen Hund aus dem Tierheim vorzubereiten wie auf einen Hund vom Züchter. Überfordern Sie Ihren Hund bei der Abholung nicht sofort mit zu viel Aufmerksamkeit. Sprechen Sie in fröhlichem und ruhigem Ton mit ihm und nehmen Sie eine Leine mit (viele Tierheimhunde tragen ohnehin ein Halsband – fragen Sie vorher nach. Wenn er keines besitzt, fragen Sie nach der Halsbandgröße). Fragen Sie, ob das Tierheim eine Decke oder ein Spielzeug hat, das Sie mit nach Hause nehmen können. Nicht alle werden etwas haben, aber wenn doch, wird es Ihrem Hund bei der Eingewöhnung helfen.

MEHR ALS EIN HUND?

Wenn Sie einen neuen Hund in einen Haushalt bringen, in dem schon ein Tier vorhanden ist, tun Sie es behutsam. Wenn Sie einen Welpen zu einem älteren, gelassenen Hund gesellen, werden sich die beiden recht schnell verstehen.

Beobachten Sie sie zusammen – lassen Sie sie nicht allein, bis feststeht, dass sie aneinander gewöhnt sind. Wenn Sie weg müssen, trennen Sie die Hunde voneinander. Mischen Sie sich nicht ein, wenn der Ältere den Jüngeren zurechtweist, wenn die Züchtigung berechtigt und nicht zu heftig ist. Achten Sie darauf, dass Ihr älterer Hund genügend Aufmerksamkeit bekommt und dass seine Gewohnheiten möglichst wenig beeinträchtigt werden.

Oben: **Ein behutsames Kennenlernen ermöglicht es den Hunden, Freunde zu werden.**

Wenn Sie einen erwachsenen Hund nach Hause bringen, sollten die Hunde am besten im Freien aufeinandertreffen. Ideal wäre es, das Tierheim zu besuchen und den Hund auf einem oder zwei Spaziergängen mit Ihrem Vierbeiner zusammenzubringen, um sehen, ob sie miteinander auskommen. Wenn alles gut geht, sollten sich die beiden am Tag der Adoption im Freien treffen und einen Spaziergang machen, bevor sie gemeinsam nach Hause kommen.

Dieser behutsame Einstieg sollte Probleme verringern. Richten Sie es so ein, dass Sie in der ersten Zeit anwesend sein können, bis sie offensichtlich gut miteinander auskommen. Füttern Sie sie zuerst auch an unterschiedlichen Orten, damit kein Futterneid aufkommt. Es ist auch ratsam, das Lieblingsspielzeug Ihres Hundes für eine Weile wegzupacken und jedem Hund ein neues, eigenes Spielzeug zu geben.

Das Zuhause vorbereiten

Egal ob Sie sich für einen Welpen oder einen ausgewachsenen Hund entscheiden, sollten Sie auf alle Fälle prüfen, ob Ihr Heim darauf vorbereitet ist. So gestalten sich die ersten Tage mit Ihrem neuen Familienmitglied viel einfacher.

Auch wenn Sie schon ein Haustier haben, erfordert ein neuer Hund anfangs mehr Aufmerksamkeit, bis Sie genau wissen, welche Gewohnheiten er hat. Bei einem Welpen werden Sie sich in den ersten Wochen mit dem Reinlichkeitstraining und Anknabbern aus einandersetzen müssen. Bei einem erwachsenen Hund sind die Startschwierigkeiten weniger vorhersehbar, vor allem wenn Sie seine Vorgeschichte nicht kennen – obwohl Stubenreinheit hoffentlich nicht dazu gehört.

Klären Sie, wo Ihr Hund seine Zeit verbringen soll, bevor Sie Ihr Zuhause völlig neu einrichten. Sie können Sicherheitsgitter anbringen, wenn sich Ihr Hund nur in bestimmten Teilen des Hauses aufhalten soll. Auch wenn er irgendwann einmal das ganze Haus betreten dürfen soll, können Sie seinen Bereich anfangs auf ein paar Zimmer (Küche, Waschküche, Vorzimmer) beschränken, solange Sie sich noch kennenlernen oder wenn Sie einmal außer Haus sind.

Rechts: Legen Sie Hundebox und Fußböden mit Zeitungen aus, wenn der Welpe frei herumlaufen darf.

WELPENSICHER

Wir alle wissen, dass Welpen gerne kauen, in der Praxis sind aber die wenigsten Besitzer darauf vorbereitet, wie stark dieser Drang sein kann. Entfernen Sie alles vom Boden, was angeknabbert werden kann, von Büchern bis hin zu Schuhen und Taschen (Lederartikel stehen bei Welpen hoch im Kurs).

Außerdem sollten Sie genügend Kauspielzeug einlagern, damit er etwas hat, an dem er tatsächlich nagen darf. Das Spielzeug sollte aus hartem Gummi oder Rohleder und robust sein oder (bei Rohhaut) geschluckt werden können. Bringen Sie Elektrokabel möglichst in Sicherheit und gewöhnen Sie sich an, sie auszustecken und die Geräte auszuschalten, wenn Sie ein Zimmer verlassen. Treffen Sie diese Vorkehrungen auch für ältere Hunde. Wenn Sie sehen, dass der Hund seinen Kautrieb auf sein Eigentum beschränkt, können Sie die Regeln lockern.

Richten Sie für den Welpen einen sicheren Platz ein, wenn Sie beschäftigt oder nicht im Raum sind. Auch wenn Sie vorhaben, Ihren Hund an eine Box zu gewöhnen (siehe Seite 80), können Sie ihn dort während Ihrer Abwesenheit nur für kurze Zeiträume unterbringen.

Entweder Sie machen einen Raum hundesicher (keine Kabel, Topfpflanzen, nichts Zerbrechliches oder Kaubares in Reichweite; Reinigungsmittel oder schädliche Chemikalien sicher verwahrt; altes Zeitungspapier am Boden), sodass er eine Weile dort verbringen kann, oder Sie besorgen sich ein Laufgitter.

IM FREIEN

Stellen Sie sicher, dass alle Flächen im Freien hundesicher sind. Reparieren oder verbarrikadieren Sie Löcher in Hecken und Zäunen (auch kleinere). Es gab schon Fälle, in denen kleine, aber dynamische Rassen beachtliche Zäune überwunden haben.

Überlegen Sie bei einer Rasse, die gerne gräbt – Terrier sind hier besonders talentiert –, an der Gartengrenze einen Maschendraht anzubringen. Vielleicht schreckt es Ihren Hund nicht ab, aber es erschwert ihm die Flucht. Fragen Sie Ihren Tierarzt nach ungenießbaren, giftigen Pflanzen. Wenige erwachsene Hunde fressen Pflanzen in der Natur, aber Welpen kauen gerne an Blättern.

Ein Welpe: Was Sie erwartet

Ein Welpe hat relativ konstante Grundbedürfnisse. Auch wenn Sie mit Futternäpfen, Halsband und Leine, Käfig, Korb und Spielzeug ausgerüstet sind, ist es schwierig, sich vorzustellen, was das tägliche Leben mit einem Welpen bedeutet.

SPIELEN UND SCHLAFEN

Welpen spielen viel und werden schnell müde. Welpen brauchen Ruhe ebenso wie Bewegung, daher sollten Sie Kinder darüber aufklären, dass der Kleine beim Schlafen nicht gestört werden sollte.

Mit Welpen zu spielen macht immer Spaß, aber auch mit acht Wochen gibt es geeignete und weniger geeignete Spiele. Ein schnappender Welpe kann zu einem beißenden Tier heranwachsen und lebhafte Rangeleien sind mit einem erwachsenen Hund ein weniger tolles Vergnügen. Wenn Sie den Welpen dazu bringen, Ihnen hinterherzulaufen, ist das gut (eine bessere Erziehungsvorbereitung, als wenn Sie ihm hinterherjagen). Die meisten Hunde lieben es, an etwas zu zerren. Kaufen Sie nur wenig Spielzeug für die Ankunft; wenn Sie sehen, was er mag, besorgen Sie mehr.

FÜTTERN

Der Züchter oder das Tierheim werden Ihnen sagen, was Ihr Tier bisher gefressen hat. Bleiben Sie in den ersten ein bis zwei Wochen bei derselben Nahrung, um Magenverstimmungen zu vermeiden. Sie können ihm anfangs bis zu vier Mahlzeiten pro Tag servieren. Der Fressplan, den Sie bekommen haben, sollte Ihnen auch zeigen, ab wann Sie

Unten: **Ein Welpe spielt und schläft gleich intensiv; manchmal wacht er nicht einmal auf, wenn Sie ihn hochheben.**

ihm weniger bzw. größere Mahlzeiten geben können. Wenn der Welpe zu einem älteren Hund hinzukommt, füttern Sie beide gleichzeitig. Teilen Sie die übliche Menge für den älteren Hund in kleinere Portionen und geben Sie ihm in einer Ecke fernab des Welpen zuerst zu fressen.

STUBENREINHEIT

Einen Welpen stubenrein zu bekommen kann eine Weile (mitunter Wochen bis Monate) dauern, aber Sie sollten sofort damit beginnen.

Wählen Sie einen Raum mit waschbarem Fußboden, Sie können auch Zeitungspapier auslegen. Beharrlichkeit und positive Verstärkung sind nun wichtig. Wenn der Welpe aufwacht oder mit dem Fressen fertig ist, bringen Sie ihn nach draußen – dann ist es am wahrscheinlichsten, dass er mal muss. Sehen Sie über Unfälle hinweg, aber loben Sie ihn ausgiebig, wenn er erfolgreich war. Bestrafen Sie einen Welpen nie, wenn er im Haus uriniert. Wenn Sie ihn dabei erwischen, bringen Sie ihn sofort nach draußen und loben Sie ihn, wenn er dort sein Geschäft verrichtet.

Sie können den Hund auch dazu bringen, auf Zeitungspapier oder spezielle »Trainingspads« zu pinkeln, und das Papier dann immer näher zur Tür rücken, bis es ganz draußen ist. Hierbei läuft das Training in zwei Phasen ab (der Welpe lernt, sich auf dem Papier zu entleeren, und im nächsten Schritt, nach draußen zu gehen), sodass der Lernprozess zwar langsam ist, aber Sie ersparen sich Zeit, wenn Sie nicht ständig den Boden aufwischen müssen.

FALLBEISPIEL
Diverse Arten, ihn sauber zu bekommen

Nach sechs Wochen war es Susanne noch immer nicht gelungen, Ihren Bassetwelpen stubenrein zu bekommen. Das gesamte Untergeschoss ihres Hauses war mit Zeitungspapier ausgelegt und auf jeden Erfolg im Freien folgte mindestens ein Malheur im Haus.

Susanne war ratlos und suchte Hilfe beim Züchter. Er bestätigte, dass Bassets allgemein sehr langsam sauber würden, fragte sie aber auch nach ihrer Methode. Susanne erklärte, dass sie den Welpen nach den Mahlzeiten nach draußen bringe und sonst stets auf gewisse Anzeichen achte, ob er seine Notdurft verrichten wolle. Der Züchter schlug vor, das Zeitungspapier bis auf ein paar Blätter in der Nähe der hinteren Eingangstür zu entfernen. Könne der Welpe nicht so lange warten, bis er nach draußen dürfe, könne er zumindest in die richtige Richtung gehen.

Als sein Bereich nun eingeschränkt wurde, schien der Welpe den Sinn und Zweck zu verstehen. Bald konnte Susanne das Papier vor die Tür legen und innerhalb von zwei Wochen ganz darauf verzichten.

Ein erwachsener Hund

Wenn Sie ein erwachsenes Tier bei sich aufnehmen, ist es wichtig, seine Vorgeschichte zu kennen. Ist diese nicht bekannt, fragen Sie, ob Sie den Hund vorerst spazieren führen und auf Probe mit nach Hause nehmen dürfen.

Wenn Sie nichts über die bisherigen Erfahrungen Ihres Hundes wissen, kann es helfen, etwas über die Körpersprache von Hunden zu lernen. So können Sie leichter erkennen, ob er sich fürchtet, zum Spielen aufgelegt, aggressiv oder nervös ist.

Lesen Sie etwas zum Thema Hundeverhalten (siehe erstes Kapitel, und andere Bücher zum Thema auf Seite 188), bevor der große Tag kommt. Denken Sie auch daran, wie Sie mit Ihrer Körpersprache beruhigende Signale aussenden können, etwa durch eine entspannte Haltung oder ruhiges Sprechen.

Unten: **Warten Sie, bis sich Ihr Hund eingelebt hat, bevor Sie ihm rohe Knochen geben. Er könnte auf diesen wertvollen Schatz sehr besitzergreifend reagieren.**

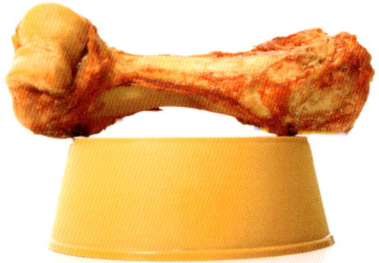

UNTERSUCHUNGEN UND VERHALTEN

Ein verantwortungsvolles Tierheim wird Ihren Hund erst nach eingehender Prüfung weitervergeben. Fragen Sie, was genau getestet wurde: Einige Heime beobachten, wie sich der Hund in Gegenwart verschiedener Menschen, auch Kindern verhält. Andere Untersuchungen sind grundlegenderer Natur. Man kann dennoch nie wirklich vorhersagen, wie sich ein Tier zu Hause verhalten wird. Es muss erst sein neues Zuhause kennenlernen und dann sehen Sie, wie es sich innerhalb von ein paar Wochen in den Alltag einfügt. Erfahrenen Hundehaltern zufolge sind die ersten 14 Tage sozusagen die Gnadenfrist bei Hunden aus dem Tierheim, denn tief verwurzelte Angewohnheiten kommen erst zum Vorschein, wenn sich der Hund in familiärer Umgebung sicher fühlt.

Hat ein Hund nie zuvor im Haus gelebt, müssen Sie womöglich neu mit dem Sauberkeitstraining beginnen. Die meisten Hunde sind aber stubenrein und haben schon etwas Erziehung genossen.

Seien Sie in den ersten Tagen beim Spazierengehen achtsam. Wenn Sie nicht wissen, ob er zurückkommt, trainieren Sie ihn an einer langen Leine und beobachten Sie, wie er mit anderen Hunden klarkommt.

Werfen Sie Bälle oder Frisbees nur in abgezäunten Bereichen (wenn Sie keinen großen Garten haben, sind unbenutzte Ballspielplätze ideal), um zu sehen, ob er gerne apportiert. Prüfen Sie, wie er sich an der Tür verhält, zuerst mit einem Besucher, dann mit zwei oder drei Besuchern zugleich: Knüpfen Sie schrittweise an seine Erfahrungen an, bis Sie sehen, wo seine Grenzen liegen. Mit etwas Glück haben Sie einen tollen Hund gefunden, der sich gut in Ihr Leben fügt, gut mit anderen Hunden auskommt und gerne neue Menschen kennenlernt. Auch wenn zunächst ein paar

Oben: **Führen Sie einen erwachsenen Hund herum, um zu sehen, wie er sich verhält.**

Probleme auftreten, können die meisten von ihnen doch gelöst werden.

TRAININGSEINHEITEN

Kleinere Erziehungs- und Sozialisierungsfehler kann man oft mit einem Abrichtekurs beheben. Auf schwierigere Angewohnheiten, wie aggressives Verhalten an der Leine oder übermäßigen Beschützerinstinkt, wird am besten im Einzeltraining mit einem erfahrenen Hundetrainer eingegangen. Er weiß, was das Verhalten hervorruft und wie man dieses abstellen kann. Obwohl das Training nicht ganz billig ist, reichen oft schon wenige Einheiten, um das Problem zu lösen.

Die ersten Tage im neuen Heim

Nehmen Sie sich ein paar Tage frei, um die erste Zeit mit Ihrem neuen Hund verbringen zu können. Um ihn stubenrein zu machen, bedarf es mehr Zeit, da Sie immer den richtigen Zeitpunkt abwarten müssen, um ihn nach draußen zu bringen.

Auch für einen erwachsenen, erzogenen Hund müssen Sie eine Routine einführen, mitunter an seinem Benehmen feilen und ihn langsam ans Leben in Ihrem Haus mit allem Drum und Dran (Staubsaugergeräusch, Garten) gewöhnen. Das bedeutet nicht, ihn mit Aufmerksamkeit zu erdrücken. Machen Sie ausgiebige Spaziergänge, spielen Sie und genießen Sie die Zeit mit ihm, aber vergessen Sie nicht Ihren normalen Tagesablauf – je schneller er sich eingewöhnt, desto schneller wird er sich sicher fühlen.

Beobachten Sie bei einem erwachsenen Hund anfangs, wie oft er nach draußen muss. Hunde mittleren Alters haben meist eine bessere Blasenkontrolle als sehr junge oder alte Tiere. Sie sind dafür verantwortlich, dass der Hund ins Freie kann, wenn er muss.

Wenn Ihrem Hund ein paar Pannen passieren, seien Sie geduldig und machen Sie ihm mit positiver Verstärkung verständlich, dass er nach draußen gehen muss. Hat er Probleme damit, könnte das bedeuten, dass er entweder ein wenig verwirrt ist oder zu selten nach draußen kann.

LEGEN SIE REGELN FEST

Bestimmen Sie ein paar Regeln, an die sich alle im Haushalt halten müssen. Es gibt keine richtigen oder falschen Regeln. Einige Menschen lassen ihren Hund gerne die Möbel benutzen, was für andere inakzeptabel ist.

Links: **Häuslicher Komfort – Beständigkeit ist für Hunde wichtiger als häusliche Regeln.**

URINSTINKT **Hund trifft Katze**

Normalerweise kommen Katze und Hund gut miteinander aus, wenn man sie langsam aneinander gewöhnt. Behalten Sie die beiden zu Beginn im Auge und achten Sie darauf, dass sich der Hund der Katze langsam nähert (die Krallen einer Katze können einen unvorbereiteten Welpen mehr als nur erschrecken). Halten Sie den Hund beim ersten Mal an der Leine, damit er die Katze nicht jagen kann, und befehlen Sie ihm, zu sitzen, damit sich die Katze nach Belieben nähern kann. Sprechen Sie sanft mit dem Hund, wenn die Katze in der Nähe ist, sodass er eine gewisse Aufmerksamkeit auch auf Sie richtet, und stellen Sie sicher, dass Sie ihn unter Kontrolle haben, sollte die Katze das Weite suchen. Ihre Katze muss genügend hundefreie Orte haben, wohin sie sich zurückziehen kann. Gelegentlich verstehen sich Katzen und Hunde gut, meistens leben sie jedoch nebeneinander her. Füttern Sie die beiden getrennt und achten Sie darauf, dass der Hund kein Futter der Katze stehlen kann – wenn nötig stellen Sie den Fressnapf an einen Ort, wo ihn nur die Katze erreichen kann.

Denken Sie daran – wenn Ihr Hund auf die Couch darf, muss er es immer dürfen und umgekehrt. Hunde brauchen klare Regeln. Es ist nicht fair, zu erwarten, dass sie verschiedene Regeln von verschiedenen Familienmitgliedern befolgen.

NÄCHTLICHE ROUTINE

Die meisten Hundezüchter und -trainer empfehlen, einen neuen Hund anfangs in der Nähe des eigenen Schlafbereichs schlafen zu lassen. Welpen müssen vor dem Schlafen, gleich nach dem Aufstehen und meist auch ein bis zwei Mal in der Nacht ins Freie. Idealerweise sollten Sie eine Hundebox in Ihrem Zimmer aufstellen, bequem mit einer Decke auslegen und eventuell Spielzeug hineingeben.

Manche Menschen legen in den ersten Nächten eine Wärmeflasche dazu, die an die Wärme der Mutter erinnert. Sie sollten Sie nicht zu heiß befüllen und gut umwickeln, damit er nicht daran nagen kann. Lassen Sie sich nicht erweichen, nehmen Sie den Welpen nicht beim ersten Seufzer heraus und lassen Sie ihn keinesfalls ins Bett. Planen Sie für die Nacht zwei Gassieinheiten in gleichmäßigen Abständen ein. Sie können sich einen Wecker stellen, aber wahrscheinlich winselt der Welpe laut und weckt Sie auf, wenn er wirklich nach draußen muss – auch wenn anfangs die eine oder andere Panne passieren kann. Welpen können ihre Blase schwer kontrollieren. Bringen Sie ihn nach draußen, geben Sie ihm etwas Zeit, loben Sie ihn, wenn er sein Geschäft verrichtet, und geben Sie ihn dann wieder zurück in seine Box. Ein älterer Hund ist möglicherweise nicht an eine Box gewöhnt oder unglücklich darin – wenn Sie sehen, dass er sich in einem Korb wohler fühlt, lassen Sie ihn dort (siehe Seiten 80–81).

Grundlagen der Hundehaltung

Sie haben sich einen Hund ins Haus geholt und müssen nun wie bei jeder anderen Partnerschaft einen Weg finden, wie Sie am besten zusammenleben können. Prinzipiell haben Hunde, egal ob Welpen oder erwachsene Tiere, dieselben Bedürfnisse wie Menschen: Sie wollen sich sicher fühlen, gefüttert werden, einen warmen Ort haben und die Gesellschaft von anderen genießen. Der Unterschied ist, dass wir großteils für uns selbst sorgen können, während Hunde von uns abhängig sind.

Das folgende Kapitel beschäftigt sich mit praktischen Fragen des täglichen Lebens, angefangen von den grundlegenden Dingen über den Besuch beim Tierarzt bis hin zu Sozialisationsübungen für Welpen oder scheue Hunde. Alle Fütterungsmöglichkeiten sowie die Körperpflege werden erklärt. Denken Sie daran, dass die Gewohnheiten, die Sie ihm einlernen, ein Leben lang bestehen werden. Nehmen Sie sich Zeit, einen Lebensstil zu finden, der Ihrem Hund zugutekommt, der zu Ihnen passt und der Sie beide glücklich macht.

Der Schlaf-platz

Der Schlafplatz Ihres Hundes ist ein wichtiger Aspekt. Sie müssen ihn passend zu Ihren Wohnverhältnissen einrichten. Wie der Platz genau aussieht, hängt von Alter, Größe und Art des Hundes ab sowie von Ihren Vorlieben und jenen des Hundes.

DIE HUNDEBOX

In den letzten Jahren sind Hundeboxen, in denen die Tiere ruhen und schlafen (und eingesperrt werden können, wenn die Besitzer kurz weg sind), immer beliebter geworden. Wenn Sie mit einem Hund aufgewachsen sind, der in einem Korb schlief, sind Sie vielleicht etwas skeptisch.

Es handelt sich um eine Box aus Draht oder Plastik mit absperrbarer Tür. Ein Welpe, der langsam an seine Box gewöhnt wird, spürt nach kurzer Zeit meist keine Abneigung mehr und sieht sie als bequemen Rückzugsort, wenn er schlafen möchte oder eine Auszeit braucht.

Viele Besitzer verwenden Boxen, um Hunde auf Autofahrten sicher zu verwahren und um in hektischen Zeiten den Hund wegzusperren, damit er eine Weile nicht im Weg ist. Nützlich kann eine Box auch beim Sauberkeitstaining sein, da der Hund davor zurückschrecken wird, den Platz zu

Rechts: **Eine bequeme Unterlage und wenn möglich eine vertraute Decke helfen dem Hund, sich an die Box zu gewöhnen.**

verschmutzen, auf dem er schläft. Wenn er nur kurze Zeit in der Box ist, wird er versuchen, es noch »auszuhalten«, bis er nach draußen kann.

DIE ALTERNATIVEN

Boxen sind nicht für jeden Hund geeignet. Für sehr große Rassen sind sie meist sehr unpraktisch, und manche Hunde gewöhnen sich nie daran. Hunde aus Tierheimen sehen darin häufig eine Bedrohung, da sie in ihrer Vergangenheit zu viel Zeit im Zwinger verbringen mussten, den sie mit Einsamkeit verbinden.

Wenn Sie einen ruhigen Hund haben, der nichts zerstört, während Sie außer Haus sind, benötigen Sie möglicherweise keine Box und ein Korb in der Küche ist die richtige Wahl. Auch wenn Sie keine Box zu Hause möchten, kann sie für Reisen nützlich sein oder wenn der Hund bei anderen bleibt. Wenn Sie frisch gebackener Hundebesitzer sind, versuchen Sie es einfach: Vielleicht gefällt es Ihrem Hund.

Wenn Sie keine Box möchten, überlegen Sie, wo Ihr Hund langfristig schlafen soll. Einige schlafen am Tag im Korb und in der Nacht neben dem Besitzer. (Wenn Ihnen das gefällt, überlegen Sie, ob Sie das auch noch toll finden, wenn Ihr süßer Welpe einmal ausgewachsen ist.) Wenn Sie einen Hund haben, den Sie nicht überzeugend maßregeln können, stellen Sie sicher, dass er auf seinem eigenen Platz schläft und nicht in Ihrem Bett.

Wenn Sie sich für einen Korb entscheiden, wählen Sie einen aus Plastik oder geflochtenem Schilf, ausgekleidet mit waschbaren Decken oder Kissen. Körbe aus Schaumstoff sollten unbedingt waschbar sein.

CHECKLISTE
Die Verwendung von Hundeboxen

Ja

🐾 Kaufen Sie einen Käfig, der groß genug ist. Ihr Hund sollte sich leicht umdrehen und im Liegen die Beine ausstrecken können.

🐾 Gestalten Sie den Käfig einladend. Legen Sie eine bequeme Decke, Spielzeug und Leckerbissen hinein.

🐾 Gewöhnen Sie das Tier langsam an den Käfig. Sorgen Sie dafür, dass er es gewöhnt ist, ein- und auszugehen, bevor Sie den Käfig das erste Mal versperren.

🐾 Versperren Sie die Tür für sehr kurze Zeit – anfangs fünf bis zehn Minuten –, bis Ihr Hund problemlos länger darin bleibt.

Nein

🐾 Verwenden Sie keine Box, der Ihr Welpe bereits entwachsen ist. Ist sie zu klein, tauschen Sie sie aus.

🐾 Zwingen Sie den Hund nicht in die Box. So könnte er Angst vorm Eingesperrtsein entwickeln.

🐾 Lassen Sie den Hund nicht zu lange in der Box. Boxen sind zum Schlafen oder zur sicheren Verwahrung des Hundes für kurze Zeit, aber nicht für mehrere Stunden hintereinander da.

🐾 Lassen Sie den Welpen nicht in der Box, wenn sie schmutzig ist. Kontrollieren Sie die Box regelmäßig. Wenn sie gereinigt werden muss, erledigen Sie es sofort. Schreien Sie den Welpen nie an oder bestrafen Sie ihn nicht, wenn er die Box verunreinigt hat.

Ein siche- rer Platz

Wenn Ihr neuer Hund schon erwachsen ist, sollten Sie abwarten, wie er sich in den ersten paar Tagen einlebt, bevor Sie einen Platz für ihn im Haus aussuchen. Wenn er stubenrein ist, können Sie ihm mehr Freiraum zum Entdecken lassen.

Selbst junge, verspielte ausgewachsene Hunde sind meist nicht so energiegeladen und hinter allem her wie Welpen. In diesem Fall können Sie sich also etwas zurücklehnen.

Haben Sie eine Hundebox gewählt, müssen Sie geduldig sein. Ist der Hund nicht schon früh daran gewöhnt worden, hat er oft eine größere Abneigung gegen die Box als ein Welpe.

Probieren Sie es mit Leckerchen und Spielzeug, keinesfalls mit Zwang. Wenn er ängstlich wirkt, lassen Sie die Tür offen und belohnen Sie ihn, wenn er hineingeht, mit Leckerchen und Lob (achten Sie darauf, ihn zur rechten Zeit zu loben, also in dem Moment, in dem er hineingeht, und nicht, wenn er gerade herauskommt). Manche füttern ihren Hund sogar in der Box, um positive Assoziationen hervorzurufen.

EINEN PLATZ EINRICHTEN

Wenn Sie Ihren Hund nicht unbedingt an eine Hundebox gewöhnen möchten, richten Sie für ihn einen Platz in einer ruhigen Ecke ein, also nicht dort, wo ständiger Betrieb herrscht – am besten in einer Ecke in der Küche oder dem Vorraum. Stellen Sie einen Korb mit Decken in die Ecke. Bedenken Sie beim Kauf eines neuen Korbes, dass Hunde mit schlechten Erfahrungen oft einen seitlich geschlossenen Schlafplatz bevorzugen. Das scheint ihnen ein größeres Gefühl der Geborgenheit zu vermitteln, als dicke

Links: **Hunde brauchen einen Platz, wo sie sich sicher fühlen können. Stellen Sie daher einen warmen, bequemen Korb in eine ruhige Ecke.**

Kissen – Sie könnten den Hund zum Einkauf mitnehmen, um seine Vorlieben zu erfahren. Stellen Sie seinen Wassernapf in der Nähe auf und legen Sie auch ein paar Spielsachen und Kauartikel in den Korb.

Sie werden feststellen, dass er automatisch in seine Ecke geht, wenn er sich ausruhen möchte oder ihm der Trubel im Haus zuviel wird. Tut er das nicht, können Sie ihn mit Leckerchen oder Kauspielzeug in seine Ecke locken.

MIT DEM HUND SPRECHEN

Die meisten Besitzer sprechen viel mit ihrem Hund. Unterschätzen Sie aber nicht, wie wertvoll ruhige Zeit mit Ihrem neuen Hund ist. Besonders ein junger Hund blickt oft zu Ihnen auf, um zu wissen, was er tun »soll«. Allein schon die Tatsache, dass Sie in seine Richtung sprechen, kann seine Aufmerksamkeit steigern, da er

zu verstehen versucht, was von ihm erwartet wird.

Natürlich ist das je nach Rasse und Persönlichkeit des Hundes unterschiedlich, doch mit ein paar wohlüberlegten Phasen der Ruhe geben Sie Ihrem Hund zu verstehen, dass er zu Hause nicht die ganze Zeit in Alarmbereitschaft sein muss. Und wenn Sie einfach nicht mit dem Reden aufhören können, sprechen Sie leise und beschwichtigend anstatt laut und mit vielen Fragezeichen.

Unten: **Ein weiches Spielzeug sollte in keinem Korb oder in keiner Hundebox fehlen.**

URINSTINKT **Einen erwachsenen Hund umerziehen**

Positive Verstärkung – Belohnung für richtiges Verhalten – scheint für uns bei der Hundeerziehung nicht so selbstverständlich zu sein wie negatives Feedback, wenn der Hund etwas falsch macht. Wenn Sie zu Ihrem Hund nun schon zum hundertsten Mal an diesem Tag »Nein« sagen, bedenken Sie, dass Hunde in einer nicht hündischen Umgebung leben. Den besten Anreiz, den Sie ihm geben können, damit er etwas »Unnatürliches« tut (an der Leine gehen, sich hinsetzen, statt dem Einhörnchen nachzujagen), besteht darin, das unnatürliche Verhalten mit

etwas Positivem in Verbindung zu setzen (Leckerchen und Lob). Aus demselben Grund gewöhnen Sie einem Hund auch seine schlechten Manieren am besten ab, indem Sie seine Aufmerksamkeit auf das gewünschte Verhalten umlenken, von dem er weiß, dass es in der Vergangenheit zu seinem Vorteil war. Beachten Sie das besonders bei einem ausgewachsenen Hund, der bisher keine konsequente Erziehung genossen hat. Wenn Sie ihn umerziehen möchten, sollten all seine Assoziationen mit Ihnen positiv sein. So erzielen Sie die besten Ergebnisse.

Umgang
mit Welpen

Der Umgang mit einem Welpen in den ersten paar Monaten bestimmt sein späteres Verhalten. Ein ängstlicher Hund kann durch grobe oder gefühllose Behandlung scheu werden, während ein mutiger sich dadurch das Beißen angewöhnt.

Verhaltensforschern zufolge erstreckt sich der Zeitrahmen, in dem Hunde am stärksten durch ihre Umgebung beeinflusst werden, über das Alter zwischen vier und 16 Wochen. Da die meisten Welpen mit rund acht Wochen ein neues Zuhause bekommen, bedeutet das, dass die ersten Monate mit Ihnen für ihre spätere Entwicklung besonders wichtig sind. Es empfiehlt sich also, dass Sie sich in dieser Phase möglichst häufig – und vor allem richtig – mit Ihrem Welpen beschäftigen.

WELPEN IM TEST

Einer der Tests, die Hundetrainer und Tierärzte manchmal mit kleinen Welpen durchführen, um deren Persönlichkeit zu beurteilen, besteht darin, den Welpen auf seinem Rücken mit einer Hand zu halten und ihn sanft daran zu hindern, wenn er sich aufrichten will. Ein nachgiebiger Welpe windet sich ein wenig und entspannt sich dann unter dem Druck. Ein dickköpfiger Welpe leistet hingegen starken Widerstand. Alle Welpen sollten lernen, sanfter Behandlung gegenüber tolerant zu sein. Je stärker

sich Ihr Welpe einer Einengung seiner Bewegungsfreiheit widersetzt, desto wichtiger ist es, ihn von Anfang an daran zu gewöhnen. Irgendwann in seinem Leben wird Ihr Hund vielleicht auf unangenehme Weise von jemandem berührt werden, der nicht viel von Hunden versteht. Dann machen sich dieses Vertrauenstraining und die frühe Gewöhnung daran, Unangenehmes zu ertragen, bezahlt.

URINSTINKT
Unangenehme Behandlung

Ihnen mag diese Übung für einen Welpen vielleicht grausam und unnatürlich erscheinen. Er soll dabei jedoch erfahren, dass er nicht verletzt wird, wenn er zulässt, was Sie tun, und dass er von der Einengung seiner Bewegungsfreiheit erlöst wird, wenn er keinen Widerstand leistet. Das ist eine wertvolle Lektion, die Sie selbst einem kleinen Welpen erteilen können und von der er später einmal enorm profitieren wird.

EINENGUNG ANGEWÖHNEN

Die meisten Hunde sind an Pfoten, Ohren und Maul äußerst empfindlich und mögen es gar nicht, dort festgehalten oder untersucht zu werden. Machen Sie die Übungen unten, damit Ihrer sich daran gewöhnt, auf unangenehme Weise gehalten zu werden. Sie müssen nicht jedes Mal alle empfindlichen Punkte durchgehen, sollten aber versuchen, ihn dazu zu bringen, mindestens eine Übung in jeder Übungseinheit zu akzeptieren. Halten Sie die Einheiten kurz und beenden Sie sie mit einem kurzen Spiel.

Oben: **Geben Sie Kindern Grundregeln für den richtigen Umgang mit einem Welpen.**

CHECKLISTE
Übungen zur Einengung der Bewegungsfreiheit

🐾 Halten Sie den Welpen auf Ihrem Knie oder setzen Sie sich neben ihn. Streicheln sie sanft seinen Körper entlang. Nicht abklopfen oder tätscheln.

🐾 Wenn er entspannt ist, nehmen Sie eine Pfote. Instinktiv wird er sie wegziehen, aber halten Sie sie weiter. Wenn sich der Hund windet, verdrehen Sie die Pfote nicht und üben keinen Druck aus – behalten Sie sie einfach leicht in der Hand, und streicheln Sie ihn mit der anderen, bis er ruhig wird. Sobald er sich auch nur etwas entspannt, lassen Sie die Pfote los. Versuchen Sie das nacheinander mit allen Pfoten. Lassen Sie die Pfote erst los, wenn der Welpe beginnt, ruhig zu werden, aber lassen Sie sofort los, sobald er keinen Widerstand leistet. So lernt er, sich nicht durch Berührung bedroht zu fühlen.

🐾 Wenn Sie mit den Pfoten fertig sind, wiederholen Sie den Vorgang an den Ohren. Heben sie die Ohren, fahren Sie mit den Fingern die Ränder der Ohren und Ohrenklappe entlang. Wenn er seinen Kopf wegzieht, lassen Sie ihre Finger an der Stelle. Nehmen Sie sie weg, sobald er sich entspannt.

🐾 Probieren Sie es nun mit dem Maul. Legen Sie Ihre Hand nicht über seine Nase und versuchen Sie nicht, sein Maul zu öffnen. Fahren Sie mit dem Finger stattdessen in der Nähe des Mundwinkels in seine Oberlippe. Während Sie ihn Richtung großen Schneidezahn bewegen, versuchen Sie, den Finger in sein Maul gleiten zu lassen und es vorsichtig zu öffnen. Widersetzt sich der Welpe, halten Sie ihn, aber zerrren Sie nicht an ihm. Sobald er entspannt, hören Sie auf.

Sozialisation von Welpen

Die Sozialisation ist unerlässlich für die Entwicklung eines Hundes. Eine frühe Sozialisation ermöglicht dem Welpen einen guten Start ins Leben. Diesen Prozess, der von Natur aus unter den Artgenossen erfolgt, können Sie fortsetzen.

Ein sorgfältig sozialisierter Welpe wächst zu einem Tier heran, das offen für neue Erfahrungen ist, das Beste von jeder Begegnung erwartet und Rückschläge und Frustrationen erträgt. Eine frühe Sozialisierung kann dazu beitragen, dass größere Verhaltensprobleme erst gar nicht auftreten. Sie kann sogar dabei helfen, kleinere Charakterstörungen eines Welpens zu überwinden: Wenn er scheu ist, erkennt er, dass Neues nicht gleich Anlass zur Sorge geben muss; wenn er etwas tollkühn ist, wird er in die Schranken gewiesen.

WAS IST SOZIALISATION?

»Sozialisation« ist einfach ein Oberbegriff dafür, dass Sie Ihren neuen Hund mit einer Reihe von Erfahrungen vertraut machen und diese mit positiven Assoziationen verbinden. Das bedeutet nicht, den Welpen wahllos mit jeder möglichen Erfahrung zu überhäufen.

Zwischen der achten Woche, in der ein Welpe meist von seiner Familie getrennt wird, bis zur 16. Woche, in der laut Verhaltensforschern die Zeit endet, in der Hunde am schnellsten und die meisten Informationen über die Welt aufnehmen, sollten neue Erfahrungen zum Alltag eines Welpen gehören.

Unten: **Schon früh sollte man innerhalb der Familie beginnen, Hunde zu neuen Erfahrungen zu ermutigen.**

Links: **Wenn Sie Ihren Welpen für gutes Verhalten belohnen, statt ihn für Fehler zu bestrafen, lernt er, dass Sie die Quelle seiner wertvollsten Erfahrungen sind.**

SOZIALISATION UND IMMUNISIERUNG

Viele Züchter und Tierärzte sind der Ansicht, dass Welpen erst dann ausgeführt werden sollten, wenn sie ihre letzten Immunisierungsimpfungen erhalten haben (diese erfolgen im Alter von 18 Wochen).

Da das Immunsystem eines Welpen davor geschwächt sein könnte, sollte er keinen Umgang mit Hunden haben, die womöglich nicht geimpft sind, oder an Orten herumschnüffeln, die von vielen Hunden häufig benützt werden. Dies sollte aber die Sozialisation Ihres Welpen nicht beeinträchtigen.

Eine Lösung besteht darin, folgsame erwachsene Hunde zum Spiel mit Ihrem Welpen einzuladen und ihm die Möglichkeit zu geben, verschiedene Hunde in bekannter Umgebung zu kennenzulernen. Manche Tierärzte veranstalten auch »Welpentreffen«, bei denen Besitzer mit Welpen ähnlichen Alters zusammenkommen und sie miteinander spielen lassen.

FALLBEISPIEL
Zu übermütig

Um seiner vier Monate alten Cairn-Terrier-Dame bei der Sozialisation zu helfen, brachte Daniel sie öfter in eine Welpengruppe. Ihr schien es zu gefallen, doch Daniel bemerkte, dass sie die anderen Welpen durch ihr Hüpfen und spielerisches Knurren einschüchterte. Beunruhigt, dass sie erste Anzeichen von aggressivem Verhalten zeigte, bat er den Trainer um Rat.

Der Trainer empfahl Daniel, für sie ein paar Spieleinheiten mit ein, zwei erwachsenen Hunden zu organisieren. Der Welpe war selbstsicher und überwältigte manchmal die Spielgefährten. Es gefiel ihm, eine starke Persönlichkeit unter den Welpen zu sein und sie zu dominieren. In ein paar Spieleinheiten mit erwachsenen Hunden würde der Welpe lernen, sein Verhalten zu mäßigen. Die älteren Hunde würden einem Welpen gegenüber zwar tolerant sein, ihn aber zurechtweisen, wenn er zu weit ginge. In einer Gruppe aus erwachsenen Tieren und Welpen werden die übermütigen Welpen in die Schranken gewiesen. Da es kein echtes »Rudel« für seinen Welpen gab, musste Daniel eine solche Situation künstlich schaffen.

DER UMGANG MIT NEUEN ERFAHRUNGEN

Obwohl sie gern mit ihren Welpen unterwegs sind, fragen sich Besitzer oft, wie sie Situationen handhaben sollen, die außerhalb ihrer Kontrolle sind. Die Antwort lautet, wählerisch zu sein und gewisse Situationen bewusst zu schaffen, wenn sie sich nicht von selbst ergeben. Sozialisieren heißt, den Erfahrungshorizont des Hundes zu erweitern, und nicht, ihn allen Erfahrungen auszusetzen.

In den ersten Monaten sollten Sie stets Leckerchen dabei haben. Geben Sie sie Erwachsenen und Kindern, damit sie den Hund damit füttern können. So entstehen positive Assoziationen bei der Begegnung mit Menschen. Sie sollen das Leckerchen in ihrer Nähe hinwerfen: Wenn Ihr Hund scheu ist, erhält er so die positive Assoziation des Leckerchens, ohne dass er mit einer Interaktion umgehen muss, die ihn nervös macht.

Oben: **Schaffen Sie stets eine fröhliche Stimmung, wenn Ihr Welpe neue Erfahrungen macht.**

Versuchen Sie bei der Belohnung mit Leckerchen den richtigen Moment zu erwischen. Bei Personen ist das leichter als bei Geräuschen oder Ereignissen. Sie können zum Beispiel den Postboten bitten, dem Welpen ein Leckerchen zu geben, wenn ihn Menschen in Uniform ängstigen. Schwieriger ist es, ein Leckerchen mit einem Geräusch abzustimmen, das Ihren Hund verschreckt. In diesem Fall können Sie eine positive Bemerkung machen und ihn sofort belohnen.

Experten zufolge haben Sie bei Hunden maximal eine Sekunde Zeit, um Ursache und Wirkung miteinander in Verbindung zu setzen, seien Sie also schnell. Machen Sie mit dem Hund Spritztouren, bei denen Sie sich allein auf seine Sozialisation konzentrieren, anstatt solche Ausflüge mit dringenden Erledigungen zu verbinden.

ÜBERTREIBEN SIE ES NICHT

Wenn Sie Ihren Hund davon überzeugen möchten, dass eine Person oder Situation keine Gefahr darstellen, seien Sie ruhig großzügig mit Lob und Leckerchen. Belohnen oder loben Sie aber nicht grundlos, da dadurch die Belohnung für beide an Wert verliert. Sie müssen auch lernen, Ihre Körpersprache und Ihren Ton entspannt und positiv zu halten, selbst wenn Sie leicht besorgt sind, wie Ihr Hund reagieren könnte. Wenn er zu Ihnen aufblickt, sollte er jemanden sehen, der sich Ihrer beider Sache sicher ist.

Das heißt, dass Sie beim Sprechen einen selbstsicheren Ton anschlagen und beim Spazierengehen die Leine locker halten, ohne am Hals des Welpen zu ziehen, was ein sicheres Signal für ihn ist, dass etwas nicht stimmt.

WENN ETWAS SCHIEF GEHT

Ihr Welpe wird wohl oder übel auch negative Erfahrungen machen. Was sollen Sie etwa tun, wenn ein älterer Hund zu Besuch ist, die Geduld verliert und den Welpen auf die Schnauze beißt? Bleiben Sie ruhig und nehmen Sie nicht gleich an, dass Ihr Welpe traumatisiert ist. Wenn er aufgeregt ist, sich die Situation aber beruhigt hat, befehlen Sie beiden Hunden, sich (etwas auseinander) hinzusetzen, und geben Sie jedem ein Leckerchen (wenn sich die Lage nicht beruhigt, führen Sie die Hunde in getrennte Räume).

Zeigen Sie, dass Sie bei beiden Hunden das Sagen haben. Beobachten Sie genau, wie das nächste Treffen (mit diesem oder einem anderen Hund) läuft. Stellen Sie immer klar, dass Sie der Boss sind.

CHECKLISTE
Wichtige Erfahrungen für Ihren Welpen

Selbst wenn es spezieller Vorkehrungen bedarf, sollten Sie sicherstellen, dass Ihr Welpe die folgenden Erfahrungen gemacht hat, bevor er 16 Wochen alt ist:

- Eine Autofahrt, eine kurze Bus- oder Zugfahrt.
- Ein Spaziergang an der Leine in verkehrsreicher Umgebung.
- Besuche in verschiedenen Wohnhäusern.
- Bekanntschaften mit vielen Menschen, sowohl Erwachsenen als auch Kindern mit einer Reihe von Gegenständen von Fahrrädern bis zu Hüten und Spazierstöcken. Mithilfe des Postbeamten, Stromablesers etc. gewöhnen Sie ihn an Uniformen.
- Ein Spaziergang in ländlicher Umgebung.
- Die Chance, möglichst viele andere Hunde, an der Leine oder unangeleint, zu treffen. Bei Bedarf können Sie diese Situation künstlich mit freundlichen und gelassenen Hunden schaffen.
- Der Anblick von Vieh – Kühen, Schafen, Pferden – aus etwas Entfernung.
- Laute Geräusche wie Feuerwerk, Gewitter und Fehlzündung beim Auto.

Sozialisation älterer Hunde

Viele erwachsene Hunde aus dem Tierheim gewöhnen sich leicht an ihr neues Zuhause. Andere haben Verhaltensprobleme, die bei geschicktem Umgang verschwinden. Nur wenige zeigen schwere Auffälligkeiten, die professioneller Hilfe bedürfen.

Zu welcher Kategorie Ihr Tier auch gehört, es ist wichtig, dass Sie in den ersten paar Wochen möglichst viel über ihn in Erfahrung bringen und sich intensiv mit ihm beschäftigen. Wie bei einem Welpen sollten Sie auch ihn mit einer Reihe verschiedener Erfahrungen bekannt machen, um zu sehen, wie er damit umgeht.

BEOBACHTEN UND LERNEN

Beobachten Sie den Hund in der Eingewöhnungszeit und studieren Sie sein Verhalten. Sollte er aus dem Tierheim stammen und niemand viel über ihn wissen, nehmen Sie nicht gleich an, dass er Schlimmes erlebt hat.

Es sind so viele Geschichten über misshandelte Hunde im Umlauf, dass man dazu neigt, den neuen Hund zu verhätscheln, um damit einen vermeintlich unglücklichen Start ins Leben wettzumachen. Einige Hunde aus dem Tierheim haben schlechte Erfahrungen gemacht. Andere aber sind selbstsicher und nutzen einen Besitzer aus, der besonders liebevoll und gutmütig zu einem traumatisierten Tier sein möchte.

Ihr neuer Hund muss erst einmal Fuß fassen und seinen Platz im Haushalt finden, in dem konsequente Regeln herrschen und Sie das Sagen haben. Nach den ersten ein, zwei Wochen, in denen er Ihnen mitunter noch eine abgeschwächte Version

Links: **Dank ausreichend Spiel und Beschäftigung gewöhnt sich Ihr Hund rasch ein.**

seines wahren Charkters präsentiert, werden Sie wissen, ob Ihr Hund Sozialisationsprobleme hat, die einer Lösung bedürfen.

HÄUFIGE PROBLEME

Die häufigsten Probleme, mit denen es Verhaltenstrainer bei erwachsenen Hunden zu tun haben, sind Aggression gegenüber anderen Hunden, Trennungsangst und Überängstlichkeit, die in Stresssituationen in Aggression umschlagen kann.

Hat ein Hund als Welpe bestimmte Reaktionen oder Verhaltensweisen gelernt, sind sie bei älteren Hunden oft schwer zu korrigieren. Selbst wenn ein Problem nicht ganz behoben werden kann, kann es meist abgemildert werden, sodass es sich nur um eine schlechte Angewohnheit handelt.

Schlimme Fälle der drei Probleme, insbesondere Aggression gegenüber Hunden und Trennungsangst, werden am besten mit Hilfe von

Experten behandelt. Holen Sie sich eine Empfehlung vom Tierarzt, wenn Sie meinen, einen Hundetrainer zu benötigen. Stellen Sie sicher, dass dieser Experte ausschließlich positive Verstärkung einsetzt und nichts von gewaltsamer Korrektur hält (was ein Problem verschlimmern kann). Die Verhaltensänderung besteht meist darin, den Hund von der Ursache des ungewollten Verhaltens abzulenken, seine Aufmerksamkeit auf Sie zurückzulenken und ihm dann eine andere Beschäftigung zu geben.

URINSTINKT **Die Ruhe bewahren**

Wenn Sie es mit einem ängstlichen oder nicht vollständig sozialisierten Hund zu tun haben, sollten Sie selbst Ruhe ausstrahlen. Sprechen Sie gleichmäßig und langsam und entspannen Sie ihre Körpersprache. Hunde können zwar nicht sprechen, registrieren visuelle Signale aber stärker als wir. Sie werden sofort Ihre Spannungen bemerken (selbst wenn es Ihnen auch nicht bewusst ist). Sie können sogar einige der Beschwichtigungssignale von Hunden einsetzen (siehe Seite 26), auch wenn manche davon für den Menschen ganz schön knifflig sein können.

Man vermutet, dass Gähnen, den Körper leicht schräg zu richten und den Blick abzuwenden (statt einen Hund direkt anzustarren) von Hunden als friedvolle Signale gedeutet werden, selbst wenn sie von einem Menschen stammen. Wenn Ihr Hund Angst vor unbekannten Menschen hat, bitten Sie andere Personen, diese Körpersignale an Ihren Hund zu senden, und probieren Sie es auch selbst.

Der Besuch beim Tierarzt

Vereinbaren Sie beim Tierarzt einen Termin für die Tage, nachdem Sie Ihren neuen Hund bekommen haben. Am besten hören Sie sich bei Bekannten, beim örtlichen Tierheim oder einem Züchter nach einer guten Adresse um.

Fragen Sie bei der Terminvereinbarung nach, was Sie mitbringen müssen. Der Tierarzt wird Aufzeichnungen von Impfungen sehen wollen und auch nach Entwurmungsbehandlungen fragen. Nehmen Sie bei einem reinrassigen Welpen seine Zuchtpapiere mit. Sollten Sie vom Züchter Aufzeichnungen oder Bescheinigungen darüber erhalten haben, dass die Familie des Welpen auf Gesundheits-

probleme untersucht wurde, bringen Sie diese auch mit. Manche Tierärzte fragen auch nach einer Stuhlprobe.

Geben Sie bei einem erwachsenen Tier dem Tierarzt sämtliche Informationen über die Gesundheit des Tieres, die Ihnen das Tierheim geben konnte.

DIE FAHRT

Eine Tragebox ist die beste Art, Ihren Welpen zum Tierarzt zu bringen. Er sollte in der Praxis nicht herumschnüffeln können, wo unter Umständen kranke oder ungeimpfte Tiere sind oder waren. Falls Sie keine Box haben, tragen Sie ihn. Wenn es Ihr erster Besuch mit einem erwachsenen Hund ist, nehmen Sie einige Leckerchen mit. Wenn ältere Hunde keine Tierarztbesuche mögen, liegt das meist daran, dass unangenehme Erinnerungen hochkommen. Gesellige Tiere wiederum genießen die Gelegenheit zu einem Ausflug. Gehört Ihr Hund zu ersteren, seien Sie positiv und hartnäckig statt mitleidig. Das

Links: **Eine Transportbox erleichtert den ersten Besuch beim Tierarzt.**

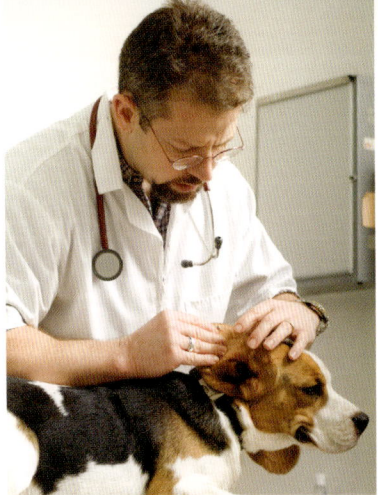

Oben: **Sagen Sie dem Tierarzt, wenn Ihr Hund nicht gern untersucht wird. Er benutzt dann vielleicht einen Maulkorb.**

besänftigt einen ängstlichen Hund eher. Befehlen Sie Ihrem Hund, sich im Warteraum hinzusetzen, und halten Sie ihn an der kurzen Leine. Sie kennen die anderen Hunde dort nicht, sodass dies kein guter Zeitpunkt für eine Sozialisation ist.

WAS SIE ERWARTET

Der Tierarzt wird den Vierbeiner gründlich untersuchen. Welpen werden meist auf Anzeichen eines Nabelbruchs untersucht. Der Tierarzt wird auch Herz und Lungen prüfen. Dazu gehört die Untersuchung des Herzgeräuschs, das auf ein schweres Krankheitsbild hinweisen kann.

Der Tierarzt wird die Augen und Ohren des Hundes überprüfen und sich versichern, dass er keine Parasiten hat. Er wird sein Fell begutachten und beurteilen, ob er in guter Verfassung ist. Nach der Untersuchung können Sie Fragen stellen.

CHECKLISTE
Wichtige Fragen beim ersten Tierarztbesuch

ERNÄHRUNG. Sagen Sie dem Tierarzt, was Ihr Tier frisst. Fragen Sie bei einem Welpen, wie sich seine Ernährung mit der Zeit verändern soll (Menge, Zutaten). Fragen Sie bei einem erwachsenen Hund, ob Sie ihn richtig füttern.

IMPFUNGEN. Nach den ersten Impfungen Ihres Welpen stehen Ihnen mehrere Möglichkeiten im Hinblick auf Häufigkeit und Art der Impfungen offen – bitten Sie den Tierarzt um Auskunft.

PARASITENBEKÄMPFUNG. Lassen Sie sich bezüglich Floh- und Zeckenbekämpfung und Entwurmung beraten.

ANFÄLLIGKEITEN. Wenn der Welpe vom Züchter stammt, werden Sie dies wohl schon besprochen haben. Wenn Sie aber einen Rassehund aus einer Notvermittlungsstelle oder dem Tierheim haben, fragen Sie nach Gesundheitsrisiken.

TRAINING. Wenn Sie einen Welpen haben oder einen erwachsenen Hund, der einen Auffrischungskurs nötig hätte, fragen Sie nach Welpentreffen und Hundeschulen vor Ort.

Die Fütterung von Welpen

Wie wir Menschen benötigen auch Hunde für ihre Entwicklung eine ausgewogene Ernährung. Wie diese genau aussehen soll, ist unter Ernährungswissenschaftlern, Tierärzten und anderen Experten ein umstrittenes Thema.

Es herrscht nicht einmal Einigkeit darüber, ob Hunde Allesfresser oder Fleischfresser sind. Während die Mehrheit meint, dass Hunde Allesfresser sind, da Wildhunde nicht nur Fleisch, sondern alles fressen, was ihnen zwischen die Zähne kommt, ist eine andere Gruppe der Ansicht, dass es sich bei Hunden aufgrund der Entwicklung ihres Gebisses um reine Fleischfresser handelt. Fest steht, dass Sie eine Ernährungsweise finden

müssen, die Ihren Hund gesund hält und keine Verdauungsprobleme verursacht. Wie genau diese Ernährung aussieht, hängt vom Hund ab.

ERSTE TAGE

Bei Haushunden setzt das Abstillen meist im Alter von drei bis vier Wochen ein. Etwa um diese Zeit beginnen Züchter, kleine Portionen Welpenfutter gemischt mit Milchersatz ins Gehege zu stellen. Nach und nach experimentieren die Welpen damit und beginnen feste Nahrung aufzunehmen. Wenn Sie Ihren Welpen bekommen, frisst er etwa vier bis fünf kleine Mahlzeiten pro Tag (handelsübliches

Unten: **Wenn Ihr Welpe zu Ihnen nach Hause kommt, wird er bereits feste Nahrung fressen.**

Welpenfutter, Hackfleisch, Welpen-milch etc.), die der Züchter dem Wel-pen bisher erfolgreich gegeben hat.

EINE ROUTINE HERSTELLEN

Behalten Sie in den ersten ein bis zwei Wochen die Ernährungsge-wohnheiten Ihres Welpen bei. In den nächsten paar Monaten sollten Sie jedoch allmählich die Menge jeder Mahlzeit erhöhen und dafür die Anzahl verringern. Als Faustregel gilt drei Mahlzeiten täglich mit vier Monaten, und zwei täglich ab neun Monaten. Achten Sie dabei auf Ihren Welpen. Wenn er zwischen zwei größeren Mahlzeiten hungrig wirkt oder eine Magenverstimmung hat, sobald Sie die Futtermenge erhöhen, lassen Sie es sein und versuchen Sie es in ein, zwei Wochen erneut. Wäh-rend eine gelegentliche Magenver-stimmung bei Welpen natürlich ist, sollten Sie den Hund zum Tierarzt bringen, wenn er oft erbricht oder Durchfall hat.

Füttern Sie Ihren Welpen immer am selben Ort und lassen Sie einen Wassernapf dort stehen. Reinigen Sie den Trink- und Futternapf täglich. Lassen Sie dem Hund 15 Minuten zum Fressen und entfernen Sie den Napf, sobald er von ihm weggeht. Die meisten Welpen werden inner-halb dieser Zeit ihren Napf leeren. Tut ihrer das nicht, nehmen Sie das Futter weg und geben Sie ihm bei der nächsten Mahlzeit neues. Geregelte Mahlzeiten sind gesünder (bei Hitze zieht herumstehendes Hundefutter Fliegen an) und helfen Ihnen auch zu überblicken, wie viel Futter Ihr Hund zu sich nimmt.

FALLBEISPIEL
Verdauungs-probleme

Nero, ein an sich gesunder achtmonatiger Pointer-Welpe, kam ständig mit Verdauungs-problemen zum Tierarzt. Seine Besitzerin Barbara stellte fest, dass jede leichte Veränderung der Ernährung seit den ersten Wochen zu Erbrechen und Durch-fall führte.

Der Tierarzt machte mehrere Vorschläge, einschließlich einer Ernährung mit gut verträglichem Milchersatz und BARF (rohem Futter, siehe Seiten 100–101), doch der Zustand des Welpen verbesserte sich kaum. Nach acht Wochen schlug der Tierarzt ein probiotisches Nahrungsergän-zungsmittel vor – eine Mischung aus Bakterien und Hefepilzen, die das Immunsystem stärken soll. Barbara hatte Zweifel und war schon kurz davor, sich damit abzufinden, dass Nero nie etwas anderes als Welpennahrung ver-tragen würde. Dennoch willigte sie ein, es zu probieren.

In Neros Fall erwiesen sich Probiotika als das richtige Mittel zur Stabilisierung seiner Verdau-ung. Kurze Zeit später konnte er auf Erwachsenennahrung umstei-gen und gewöhnte sich problem-los an zwei Mahlzeiten pro Tag.

WAS HUNDE BRAUCHEN

Wenn Ihr Welpe ein guter Fresser ist und sich mit dem, was Sie ihm geben, gut entwickelt, können Sie ihn ruhig mit einer »erwachseneren« Version der Nahrung füttern, die er bei seiner Ankunft erhalten hat.

Wie bei Ihrer eigenen Ernährung sollten Sie sich aber auch hier mit den verschiedenen Bestandteilen einer gesunden Hundeernährung vertraut machen.

Unten: **Brokkoli und anderes frisches Gemüse können wertvolle Vitaminspender sein. Für den Hund ist Gemüse besser verdaulich, wenn es vorher leicht gekocht wurde.**

TIPPS UND RATSCHLÄGE
Grundlagen der Ernährung

Der Ernährungsplan Ihres Hundes sollte die folgenden Bausteine beinhalten:

PROTEIN. Vorhanden in Fleisch, Fisch, Eiern und einigen Milchprodukten. Protein ist unerlässlich für das Wachstum und die Entwicklung eines Welpen und eine wichtige Energiequelle für alle Hunde.

FETT. Es liefert Energie und auch Fettsäuren, die wichtig für die Gesundheit des Hundes sind. Die nützlichsten Fette finden sich in ölhaltigem Fisch, Nüssen und Körnern. Auch die meisten Proteinquellen enthalten Fett.

KOHLENHYDRATE. Es ist umstritten, wie viele Kohlenhydrate Hunde brauchen, obwohl die handelsüblichen Hundefuttersorten viel davon enthalten. Sie sind in Weizen, Hafer, Gerste, Mais, Reis und anderem Getreide enthalten und eine gute Energiequelle. Je nach Verarbeitung enthalten die meisten auch viele Ballaststoffe.

Hunde haben einen kurzen Darm und verarbeiten Nahrung meist relativ schnell, doch Ballaststoffe fördern die Verdauung und verhindern Verstopfung und Durchfall.

VITAMINE UND MINERALIEN. Hunde sind in der Lage, Vitamin C in der Leber zu produzieren, und müssen es nicht extra aufnehmen (obwohl manche Ärzte Ergänzungsmittel für bestimmte Rassen empfehlen, die anfällig für Arthritis sind). Sie benötigen jedoch genügend Vitamin A, B-Gruppe, D, E und K, plus Mineralien einschließlich Kalzium, Sulfur und Magnesium. Bei einer guten und ausgewogenen Ernährung sollte ein Hund keine Ergänzungsmittel brauchen, obwohl Tierärzte sie mitunter zur Behandlung bestimmter Probleme empfehlen.

IMMER MIT DER RUHE

Besitzergreifendes Verhalten bei Futter ist zwar natürlich, kann bei erwachsenen Hunden aber zu einem Problem werden. Ihr Hund sollte in Ruhe fressen können, doch Futterneid kann zum Ärgernis werden. Am besten gewöhnen Sie Ihrem Welpen dieses Verhalten schon früh ab.

Geben Sie beim Füttern zunächst nur die Hälfte in den Napf. Nehmen Sie den Napf weg, bevor er ganz leergefressen ist, geben Sie den Rest des Futters hinein und stellen Sie ihm den Napf wieder vor die Nase. Das ist einfach, wenn Ihr Hund noch klein ist. Wenn Sie das regelmäßig und konsequent machen (also oft, aber nicht unbedingt bei jeder Mahlzeit), ist das Wegnehmen des Napfes mit positiven Assoziationen behaftet. Sobald er den weggenommenen Napf mit mehr Futter assoziiert, können Sie diese Erinnerung gelegentlich mit solchen Unterbrechungen der Mahlzeit auffrischen.

Unten: Trockenfutter ist in allen möglichen Geschmacksrichtungen und Ausführungen vom Welpenmix bis zum Diabetikerfutter erhältlich.

CHECKLISTE
Nicht füttern!

Manche Nahrungsmittel sind für Hunde, geschweige denn für Welpen, nicht geeignet oder sogar gefährlich. Lassen Sie folgende Speisen nicht herumstehen, sodass sich ein Welpe davon bedienen könnte.

- ❧ **SCHOKOLADE** enthält Theobromin, eine Substanz, die Hunde nicht verdauen können und die dem Nervensystem schaden kann.
- ❧ **WEINTRAUBEN UND ROSINEN.** Es ist nicht klar, warum beide für Hunde giftig sein können. Selbst wenn ein Hund sie schon einmal vertragen hat, kann er beim nächsten Mal daran erkranken.
- ❧ **ZWIEBELN UND KNOBLAUCH** enthalten sogenannte Sulfoxide und Disulfide. Diese können die roten Blutzellen zerstören und stehen im Zusammenhang mit einer Erkrankung namens Hämolytische Anämie, die das Immunsystem angreift und tödlich sein kann. Knoblauch ist in manchen Leckerchen enthalten, aber nur in geringen Mengen, und daher ungefährlich.
- ❧ **ALKOHOL.** Hunde reagieren auf die Wirkung von Alkohol. Eine Alkoholvergiftung kann tödlich sein.

Futter erwachsener Hunde

Wenn Sie Ihren Hund als Welpen bekommen, können Sie nach und nach seinen Ernährungsplan zusammenstellen und herausfinden, was ihm gut tut. Bei einem erwachsenen Hund ist es schwieriger, da Sie seine Fressgewohnheiten nicht kennen.

Informieren Sie sich bei der Abholung im Tierheim oder bei seinen früheren Besitzern über seine bisherigen Ernährungsgewohnheiten. Füttern Sie ihn die ersten ein bis zwei Wochen genauso weiter, auch wenn Sie später seine Ernährung umstellen möchten.

STIMMT DAS GEWICHT?

Erkundigen Sie sich beim ersten Tierarztbesuch nach der Verfassung Ihres Hundes. Ist er zu dick oder zu dünn? In welchem Zustand sind seine Haut und sein Fell? Gibt es bestimmtes Futter oder Nahrungsergänzungsmittel, die ihm gut täten?

Wenn Sie einen Rassehund haben, können Sie anhand der Statistiken des Zuchtvereins ermitteln, ob sein Gewicht innerhalb der Norm liegt. Handelt es sich bei Ihrem Hund um einen Mischling, können Sie mit einfachen Tests prüfen, ob er das richtige Gewicht hat. Können Sie, wenn Sie ihn abtasten, problemlos seine Rippen einzeln spüren? Können Sie die Wirbelsäule des Hundes fühlen, wenn Sie mit der Hand über seinen Rücken streichen? Ist von der

Seite betrachtet eine Falte zwischen den Hinterbeinen des Hundes und der Stelle erkennbar, an der sein Brustkorb endet – eine Einwölbung, wo der Bauch Richtung Hinterteil des Körpers verläuft? Lauten die Antworten zu diesen drei Fragen ja, nein, ja, ist Ihr Hund weder zu dick noch zu dünn. Wenn Sie seine Rippen nicht spüren können und er statt einer Falte einen festen, schlaffen Bauch hat, ist er wahrscheinlich übergewichtig. Wenn Sie die Höcker auf seinem Rücken spüren können, ist er womöglich zu dünn.

Das sind allerdings einfache Faustregeln, die nicht für jede Rasse gelten. Windhund, Lurcher und Whippet zum Beispiel sind dünner als andere Rassen, während Bulldoggen oder einige größere Mastiff-Rassen von Natur aus einen tiefen Brustkorb besitzen und oft untersetzt wirken, ohne übergewichtig zu sein. Andere, wie der Labrador, haben die Tendenz, zuzunehmen, sodass hier Vorsicht geboten ist. Kleinere Hunde brauchen meist etwas mehr Futter im Verhältnis zu ihrem Gewicht als größere.

Oben: **Ältere Hunde können gesundheitliche Probleme bekommen, wenn nicht auf ihr Gewicht geachtet wird.**

FUTTERARTEN

Die Auswahl an Futterarten ist groß. Wofür Sie sich entscheiden, hängt davon ab, wie viel Sie ausgeben können, was Ihrer Meinung nach am nahrhaftesten ist, wie viel Zeit Sie für die Fütterung Ihres Hundes haben (manche Varianten umfassen frischgekochte Speisen) und – schließlich – was ihm am besten schmeckt.

Es gibt zwei Arten von Fertigfutter: getrocknet oder in der Dose. Beide werden als Komplettnahrung verkauft, das heißt, dass sie dem Hund alle wichtigen Nährstoffe geben. Sie sind in allen Preisklassen erhältlich. Die Tatsache, dass das

Futter als Komplettfutter gekennzeichnet ist, soll Sie natürlich nicht davon abhalten, es zu verfeinern oder Ihrem Hund eine Mischung aus Fertigfutter und frischem oder selbstgekochtem Futter zu geben.

Trockenfutter ist günstiger (selbst die teureren Marken) und einfacher zu lagern. Dosenfutter enthält mehr Wasser, was von Vorteil ist, wenn Ihr Hund nicht viel trinkt. Feinschmecker bevorzugen Dosenfutter. Der Nachteil von Trockenfutter ist, dass bei seiner Herstellung viele Vitamine verloren gehen. Damit das Futter danach noch immer die empfohlenen Nährwerte aufweist, wird es mit einer Mischung aus Geschmacksverstärkern, Vitaminen und Öl besprüht, wodurch es schmackhafter für Hunde wird.

Die meisten Hunde bekommen Fertigfutter und wachsen auch prächtig damit. Wenn Sie Ihren Hund mit Fertigfutter füttern, suchen Sie nach qualitativ hochwertigen Marken. Die Kennzeichnung von Hundefutter ist oft schwer verständlich und die Bestimmungen über den Inhalt sind ganz anders als jene für die Lebensmittel des Menschen. Achten Sie eher auf Bezeichnungen wie »Rind«, »Huhn« oder »Geflügel« statt auf Angaben wie »Fleischmehl«. Ebenso ist »Vollkorn« besser als »Getreideprodukte«, »Getreidemehl« oder Ähnliches.

Wenn Sie unsicher sind, bitten Sie Ihren Tierarzt, Ihnen eine erstklassige Marke zu empfehlen, die keine der weniger appetitlichen Nebenprodukte der Nahrungsmittelindustrie enthält.

SELBSTGEKOCHTES FUTTER

Wenn Sie Ihrem Hund kein Fertigfutter geben wollen, können Sie es auch selbst zu Hause zubereiten. Sie können das so einfach oder vielfältig machen, wie es Ihr Zeitplan (und Ihr Hund) zulässt. Während einige Besitzer gerne alle paar Tage ein neues Rezept ausprobieren, halten sich andere an ein paar Speisen, die sich bewährt haben.

Diese können eine Mischung aus rohem und gekochtem Futter sein und Proteine, Kohlenhydrate und oft einige Extras wie Bierhefe oder etwas Fischöl beinhalten. Wenn Ihr Hund eine empfindliche Verdauung hat, befragen Sie erst Ihren Tierarzt, bevor Sie ihn mit Selbstgekochtem füttern. Bitten Sie ihn um Rezepte oder, falls er keine hat, um ein paar Richtwerte im Hinblick auf die jeweilige Menge jeder Zutat. Eine typische selbstgekochte Mahlzeit beinhaltet zum Beispiel Haferflocken, Huhn mit Gemüse und etwas ölhaltigem Fisch, die zusammen gekocht, abgekühlt und mit dem Sud serviert werden.

Einige Besitzer entscheiden sich für eine Mischung aus Selbstgekochtem und Fertigfutter. Ein Beispiel dafür ist Trockenfutter mit rohen Fleischstücken oder gekochtem Huhn und vielleicht etwas gekochtes Gemüse wie Brokkoli oder Karotten.

ROHES FUTTER

Die BARF-Methode (Biologisch Artgerechtes Rohes Futter) erfreut sich großer Beliebtheit. Besitzer, die ihre Hunde nach dieser Methode füttern, sind der Meinung, dass es die einzig wahre Ernährungsweise für einen Hund sei. BARF basiert auf der Vorstellung, dass Hunde in der Wildnis ganze Tiere einschließlich Knochen, Organen, Fell und Federn fressen und dies noch heute eine für sie artgerechte Ernährung sei.

In der Debatte darüber, ob es sich bei Hunden nun um Allesfresser oder Fleischfresser handelt, nehmen die BARF-Anhänger vehement die Fleischfresser-Seite ein und argumentieren, dass Hunde von Natur aus niemals Kohlenhydrate und verarbeitetes Getreide fressen würden, diese daher nicht in der Nahrung enthalten sein sollten. Die typische BARF-Ernährung besteht großteils aus rohem Fleisch, zum Teil mit Knochen sowie aus kleineren Mengen an Gemüse und Milchprodukten.

Links: **Hunde können ihr eigenes Vitamin C im Körper produzieren, doch sie brauchen regelmäßige Zufuhr von anderen Vitaminen und Mineralien wie Vitamin A aus Karotten.**

Links: **Viele Besitzer entscheiden sich für eine Kombination aus Fertig- und selbstgekochter Nahrung für ihr Tier. So erhält der Hund eine abwechslungsreiche Ernährung.**

den nicht so stark sei wie jenes von wild lebenden Tieren und dass Hunde, die so gefüttert werden, womöglich anfälliger für Infektionen sind.

In Büchern und im Internet können Sie mehr über BARF nachlesen. Fragen Sie bei Interesse Ihren Tierarzt nach seiner Meinung. Hat sich die bisherige Ernährung bewährt und Sie wollen nicht auf etwas so Kompromissloses wie BARF umsteigen, überlegen Sie zumindest, ihm ab und zu einen großen, rohen Fleischknochen zu geben. Es besteht kein Zweifel, dass Hunde diese Knochen wirklich lieben, und dass sie die komplexen Muskeln des Hundemauls trainieren und Plaque verhindern.

Änderungen im Speiseplan sollten stets schrittweise über ein bis zwei Wochen hinweg erfolgen.

Es ist umstritten, wie gesund diese Ernährung ist. Natürlich hat sie Vorteile für die Verdauung und die Zähne. Das viele Nagen und Kauen, das beim Verzehr von großen Stücken Fleisch und Knochen erforderlich ist, reinigt die Zähne und scheint oft Verdauungsproblemen entgegenzuwirken. Hunden macht das Kauen Spaß und sie beschäftigen sich mit ihrer Mahlzeit auf eine Weise, die bei mundgerechter Fertignahrung nicht möglich ist.

Kritiker weisen auf die Bakterien und Parasiten hin, die sich in rohem Fleisch finden können, besonders in solchem, das nicht für den menschlichen Verzehr gesäubert wurde. Bei der Verarbeitung von Fertignahrung gehen zwar Nährstoffe verloren, zugleich aber auch unerwünschte Bestandteile wie diese. Viele meinen, dass das Immunsystem von Haushun-

GEWICHTSKONTROLLE

Da nur Sie für die Ernährung ihres Hundes zuständig sind, können Sie auch sein Gewicht leicht regulieren. Es gelten dieselben Regeln wie beim Menschen, aber es ist nicht so viel Willenskraft erforderlich: Sie geben Ihrem Hund einfach mehr oder weniger zu fressen. Wenn er abnehmen soll, machen Sie täglich einen zusätzlichen 30-minütigen Spaziergang oder ein paar Fangspiele mehr.

Fellpflege und Baden

Der Felltyp Ihres Hundes – und der damit verbundene Aufwand für die Fellpflege – war wahrscheinlich bei der Wahl Ihres Hundes kein ausschlaggebender Faktor – es sei denn, Sie leiden an einer Hundehaarallergie.

Die Fellpflege kann sehr zeitaufwändig sein. Sie müssen bereit sein, diese ordentlich mit dem entsprechenden Zubehör zu machen und den Hund auch regelmäßig zu baden.

WELCHE ART VON FELL?

Neben seiner Farbe wird das Fell eines Hundes von drei Eigenschaften bestimmt: ob es einfach oder doppelt ist, seiner Länge und seiner Textur. Hunde haben entweder ein einfaches Fell mit gleichbleibender Textur und Haarstärke oder ein doppeltes, das aus einem seidigen Unterfell und einer kräftigeren Schicht, dem Oberhaar, besteht. Die Länge lässt sich in kurz, mittellang oder lang

unterteilen. Lang bedeutet meist eine Länge von mehr als 7,5 Zentimetern; mittellang zwischen rund 2,5–5 Zentimetern. Das Fell kann eine gekräuselte (Pudel), eine seidige (Yorkshire Terrier), eine raue (Elchhund) oder eine drahtige Textur (Norfolk Terrier) besitzen.

Die Eigenschaften bestimmen, wie aufwändig die Pflege des Felles ist und ob der Hund ständig und stark haart oder nur einen saisonalen Haarwechsel durchmacht. Am pflegeleichtesten sind kleine Rassen mit kurzem, einfachen Fell. Das bedeutet nicht, dass diese Rassen nicht stark haaren, sondern nur, dass sie leicht zu pflegen sind. Die größte Herausforderung stellt ein großer Hund mit schwerem doppelten Fell dar, der stark haart (Neufundländer). Manche Rassen wie Pudel oder Portugiesischer Wasserhund haaren nahezu gar nicht, ihr Fell benötigt aber regelmäßige Pflege.

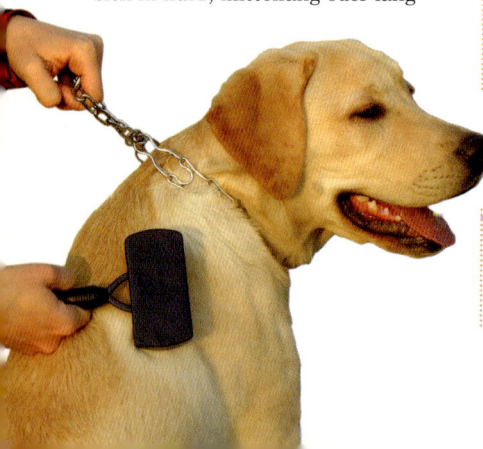

Links: **Mit den winzigen gebogenen Borsten einer Zupfbürste lassen sich lose Haare aus dem Fell entfernen.**

REGELMÄSSIGE PFLEGE

Kaufen Sie für einen Welpen, egal welcher Felltyp, eine weiche Bürste und einen Kamm, um ihn an die Fellpflege zu gewöhnen. Bürsten Sie ihn zunächst am ganzen Körper. Beginnen Sie am Rücken und an den Seiten, wo er sich am wenigsten sträuben wird. Setzen Sie dann mit Kopf, Brust, Pfoten und Bauch fort. Kämmen Sie ihn danach und untersuchen Sie seine Ohren und Zehenzwischenräume.

Wenn Sie einen erwachsenen Hund haben, der das Bürsten nicht gewöhnt ist, gehen Sie behutsam vor. Lassen Sie ihn während der Pflege auf einem Tisch oder Laken am Boden stehen. Halten Sie reichlich Leckerchen bereit. Beginnen Sie mit den am wenigsten empfindlichen Stellen und bearbeiten Sie dann sanft jene Stellen, an denen die meisten Hunde nicht so gern berührt werden, wie etwa die Pfoten. Halten Sie Ihren Hund fest, aber nicht gewaltsam. Die meisten Hunde finden früher oder später Gefallen am Bürsten. Wenn Sie einen großen Hund haben, der nicht allzu kooperativ ist, bitten Sie eine andere Person, ihn während der Pflege zu halten und abzulenken.

Beachten Sie, dass Sie bis zur Haut hinab bürsten und kämmen. Das Oberfell ist relativ leicht auskämmbar, beginnen Sie also darunter und entfernen Sie Verfilzungen. Arbeiten Sie sich dann nach oben vor. Bei regelmäßiger Fellpflege sollten sich keine starken Verfilzungen bilden, aber achten Sie jedes Mal auf sorgfältige Pflege – ein vernachlässigtes Unterfell bedarf mitunter professioneller Hilfe.

CHECKLISTE
Fellpflege

Für die regelmäßige Fellpflege empfiehlt sich das folgende Zubehör:

- **METALLKAMM.** Dieser sollte eine feinere und eine grobere Seite haben. Er eignet sich für alle Felltypen. Wählen Sie den Kamm entsprechend der Größe des Hundes

- **ZUPFBÜRSTE.** Eine Bürste mit rechteckigem Kopf und feinen, kurzen Borsten. Sie eignet sich bei den meisten Rassen zum Entfernen von losen Haaren und überschüssigem Unterfell. Wählen Sie auch hier eine passende Größe.

- **STRIEGEL.** Dank seiner weit auseinanderstehenden langen Zinken lassen sich überschüssige Haare im Unterfell von großen Hunden mit dichtem doppelten Fell entfernen.

- **WEICHE BÜRSTE ODER FELLPFLEGE-HANDSCHUH.** Damit polieren Sie kurzes Fell nach dem Bürsten. Der Fellpflege-Handschuh ist mit Noppen versehen und dient auch zur Massage.

- **UNTERLAGE.** Sie können eine eigene Unterlage kaufen oder einfach ein altes Laken verwenden. Sie ist bei kleinen Hunden nützlich und bei großen unerlässlich.

BADEN ZU HAUSE

Bei einer sehr großen Rasse empfiehlt es sich, den Hund im Hundesalon baden zu lassen. Die meisten Hunde können zu Hause gebadet werden, vorausgesetzt Sie haben alles Nötige vorbereitet und griffbereit.

Für kleinere Hunde eignet sich das Waschbecken, für größere die Badewanne. Bürsten und kämmen Sie den Hund vor dem Baden, da sich dabei Verfilzungen oft noch verschlimmern.

Verwenden Sie ein Hundeshampoo. Shampoos für Menschen enthalten oft Stoffe, die für die Hundehaut nicht geeignet sind. Wenn Ihr Hund Allergien hat (und besonders, wenn Ihnen häufiges Baden empfohlen wurde), fragen Sie beim Tierarzt

nach einem geeigneten Shampoo, das die Haut nicht reizt.

Sie brauchen einen Duschkopf, zwei Plastikbecher (einen mit verdünntem Shampoo) und mehrere Handtücher. Legen Sie ein Handtuch oder eine Duschmatte auf, auf der Ihr Hund stehen kann; den meisten macht der rutschige Untergrund Angst. Bevor Sie den Hund ins Becken oder in die Wanne heben, lassen Sie so viel lauwarmes Wasser ein, dass ein Drittel der Hundebeine bedeckt ist.

Heben Sie dann den Hund hinein und stellen Sie ihn auf die Matte. Gießen Sie mit dem Becher vorsichtig Wasser über Ihren Hund, Augen aussparen. Wenn er ganz nass ist, gießen Sie kleine Mengen Shampoo über sein Fell. Beginnen Sie am Kopf und arbeiten Sie sich bis zum Schwanz vor. Shampoonieren Sie den Hund. Lassen Sie danach das Seifenwasser abfließen und stellen Sie sicher, dass das Wasser zum Spülen lauwarm ist. Spülen Sie Ihren Hund sorgfältig ab.

Drücken Sie mit den Händen das Fell gut aus, decken Sie ihn mit einem Handtuch zu und heben Sie ihn auf die Unterlage am Boden. Rubbeln Sie ihn mit dem Handtuch sanft, aber ordentlich trocken. Lassen Sie ihn nicht davonlaufen und sich schütteln, bevor er nicht mindestens zur Hälfte trocken ist!

Links: **Wenn sich Ihr Hund beim Baden unsicher fühlt, legen Sie eine rutschfeste Matte oder ein Handtuch unter.**

Zum Trocknen kann er sich vor einen Heizstrahler legen oder Sie föhnen und bürsten ihn. Achten Sie bei einem Hund mit doppeltem Fell darauf, dass beide Schichten trocken werden.

IM HUNDESALON

Natürlich können Sie Ihren Hund auch zum Hundefriseur bringen. Für die typischen Frisuren bestimmter Rassen und bei großen Tieren mit einem pflegeaufwändigen Fell lässt man am besten den Profi ran. Das doppelte Fell mancher Hunde kann nur professionell gekürzt werden – dabei wird das Haar zum Teil händisch entfernt.

Hören Sie sich nach einem Hundefriseur um. Fragen Sie ruhig, ob Sie Hunde sehen können, die von ihm getrimmt wurden. Teilen Sie ihm Ihre genauen Vorstellungen mit.

Oben: **Professionelle Hundefriseure können Ihrem Hund jeden Schnitt verpassen, den Sie möchten, von einem nützlichen Schnitt bis hin zu einer extravaganten Frisur – aber alles zu seinem Preis.**

Wenn Sie zum Beispiel Ihren Pudel lediglich baden und ein wenig trimmen lassen möchten, stellen Sie unmissverständlich klar, dass Sie keinen extravaganten Haarschnitt wollen.

Wenn Sie das lange Fell Ihres Hundes für den Sommer etwas kürzen lassen möchten, fragen Sie nach, wie das Endresultat aussehen wird, und geben Sie genau an, wie lang das Haar sowohl auf dem Kopf als auch auf dem Körper sein soll.

Zu guter Letzt noch ein Hinweis: Ein Besuch im Hundesalon kann Sie teuer zu stehen kommen.

Wenn Sie nicht da sind

Es kommt der Tag, an dem Sie Ihren Hund in fremde Obhut geben müssen, wenn Sie zum Beispiel auf Urlaub fahren, bei einem Notfall oder einfach, weil es die momentane Situation so erfordert.

Wenn Sie den richtigen Aufpasser für Ihren Hund finden, kann diese »Auszeit« sein Leben durchaus bereichern.

HUNDEAUSFÜHRER UND TAGESSTÄTTEN FÜR HUNDE

In den letzten 20 Jahren sind diese Dienstleistungen immer beliebter geworden. Hundeausführer sorgen dafür, dass Ihr Hund ausreichend Bewegung bekommt, während Sie in der Arbeit sind. Tagesstätten für Hunde sind eine Art Kindergarten für Hunde, wo Ihr Liebling den Tag verbringt und Sie ihn am Abend wieder abholen können.

In beiden Fällen kommt Ihr Hund in Kontakt mit anderen Hunden, obwohl es auch Hundeausführer gibt, die zu einem höheren Preis nur einen Hund ausführen. Meist holt der Hundeausführer Ihren Hund bei Ihnen zu Hause zu einem vereinbarten Zeitpunkt ab und geht mit ihm ein oder zwei Stunden gemeinsam mit anderen Hunden spazieren – in einen Park oder außerhalb der Stadt in eine ländliche Gegend, wo sich Ihr Hund auch ohne Leine austoben kann.

Ein geselliger Hund wird es lieben, mit seinen Artgenossen zu laufen und zu spielen. Für ängstlichere Hunde ist dies jedoch weniger geeignet, da sie sich schwer in einer großen Gruppe zurechtfinden könnten. Viele Hundeausführer bieten Spaziergänge zum Kennenlernen an, bei denen Sie sie

Unten: **Hundeausführer bieten viele Leistungen an, vom einfachen Spazierengehen bis hin zum Jogging.**

und die anderen Hunde begleiten können und sehen, ob die Hunde gut miteinander klarkommen.

Tagesstätten für Hunde sind unterschiedlich eingerichtet. In Städten gibt es manchmal Spielbereiche im Inneren oder eingezäunte Plätze. In Vorstädten oder außerhalb der Stadt können die Hunde oft auf großen Wiesen herumtollen. Ein umgänglicher Hund wird es lieben, mit anderen Hunden zusammen zu sein, für scheue Hunde könnte ein Hundespielplatz jedoch ein Alptraum sein.

Tagesstätten sind für Welpen ungeeignet, selbst wenn Sie eine finden, die auch Welpen aufnimmt. Meist sind es sehr große Gruppen mit Hunden unterschiedlichen Temperaments, sodass nicht auf jedes einzelne Tier genau geachtet werden kann. So könnte Ihr Welpe sozial gesehen nur wenig von der Gruppe profitieren und schnell überfordert sein.

Wenn Sie sich für einen Hundeausführer oder eine Tagesstätte entscheiden, prüfen Sie das Angebot genau. Fragen Sie nach Referenzen oder wählen Sie einen Anbieter, mit dem andere Besitzer bereits gute Erfahrungen gemacht haben. Wenn Sie unsicher sind, bitten Sie darum, eine Stunde in der Tagesstätte verbringen zu dürfen – wenn sie Ihnen nicht zusagt, wird es auch Ihrem Hund so ergehen.

HUNDEPENSIONEN UND HAUSHÜTER

Wenn Sie für Ihren Hund während des Urlaubs eine längerfristige Betreuung benötigen, sind Hundepensionen oder Haushüter eine Option. Obwohl viele Hundepensionen sorgfältig geführt

Oben: **Wenn Sie einen Haushüter engagieren, ändert sich an der täglichen Routine des Hundes nicht viel.**

und die Hunde bestens betreut werden, haben manche Besitzer das Gefühl, dass es doch eher trostlose Orte sind, die an Tierheime erinnern. Und die meisten Hunde werden einen Großteil der Zeit eingesperrt. Wenn Sie sich für eine Pension entscheiden, sind Mund-zu-Mund-Propaganda und ein persönlicher Besuch, bei dem Sie Fragen stellen können, ratsam, damit Sie sichergehen können, dass für Ihren Liebling gut gesorgt wird.

Ein Haushüter ist jemand, der sich beruflich um Haustiere und Häuser kümmert, oder ein Freund, der nach dem Rechten sieht, wenn Sie nicht da sind. Im ersten Fall sollten Sie genaue Referenzen einholen und im zweiten sichergehen, dass Ihr Freund genau weiß, wie oft und wo er den Hund ausführen soll und ob er ständig bei Ihrem Hund sein und mit ihm spielen muss. Klären Sie genau ab, was er frisst und was Sie zahlen möchten.

Auf Reisen

Die ersten paar Tage nach seiner Ankunft werden Sie gemeinsam mit dem Hund zu Hause verbringen. Irgendwann jedoch müssen Sie auch einmal einen Ausflug mit ihm machen. Wenn er ein ruhiger Passagier ist, ist die Sache viel einfacher.

AUTOFAHRTEN

Wenn Sie den Hund vom Züchter oder Tierheim mit dem Auto abholen, ist er vielleicht das erste Mal in einem Fahrzeug unterwegs. Übelkeit ist bei Welpen häufig, ebenso bei erwachsenen Tieren, die nicht ans Fahren gewöhnt sind. Bei den meisten Hunden legt sich dieses Problem mit der Zeit. Um zu verhindern, dass Ihr Hund eine Abneigung gegen Autofahrten entwickelt, sollten Sie die Strecken anfangs kurz halten. Stellen Sie zudem sicher, dass das Ziel ein Ort ist, den er mag, wie ein Park oder eine Wiese auf dem Land.

Vermeiden Sie Fahrten unmittelbar nach den Mahlzeiten, öffnen Sie das Fenster weit genug, dass frische Luft zirkulieren kann, und beobachten Sie, ob eine andere Position (zum Beispiel Sitzen am Vorder- statt Rücksitz) weniger Übelkeit verursacht. Sie sollten Ihren Hund während der Fahrt sichern, entweder mit einem Sicherheitsgurt oder indem Sie ihn auf längeren Reisen in seiner Box unterbringen.

Unten: **Für die meisten Hunde ist ein Ausflug im Auto – vor allem wenn danach ein Spaziergang wartet – eine Belohnung.**

Manche Hunde fühlen sich auf Reisen in Boxen sicherer. Die Boxen mindern oft Übelkeit. Wenn Sie Ihren Hund nicht sichern (viele Fahrer tun das trotz aller Warnungen nicht), achten Sie zumindest darauf, dass er auf dem Rücksitz sitzt. Selbst wenn Sie nur einen kleinen Unfall haben, könnte ihn das Auslösen eines Airbags ernsthaft verletzen.

Auch wenn sie anfangs unsicher sind, lieben die meisten Hunde nach einer Weile Autofahrten, wenn sie die Welt an sich vorüberziehen lassen können und am Ende ein Spaziergang oder Besuch wartet. Manche halten gern ihren Kopf aus dem Fenster. Das kann aber Augenentzündungen hervorrufen, weshalb die meisten Tierärzte davon abraten.

BEI DER ANKUNFT

Wenn Ihr Hund in eine Box eingesperrt ist oder ein Geschirr trägt, müssen Sie nicht befürchten, dass er bei der Ankunft aus dem Auto springt. Wenn Sie ihn nicht sichern oder er ohne Box oder Geschirr reist, gewöhnen Sie ihm an, auf Ihren Befehl zu warten, bevor er aussteigt. Wenn er sofort aus dem Auto hüpft, mag das am Strand zum Beispiel nicht schlimm sein, jedoch auf einer stark befahrenen Straße schon, denn Ihr Hund kennt den Unterschied nicht.

ANDERE TRANSPORTMITTEL

Transportieren Sie einen Welpen nicht mit Bus oder Bahn, bevor er nicht alle nötigen Impfungen hat. Wenn Sie mit ihm in öffentlichen Verkehrsmitteln unterwegs sind, nehmen Sie Rücksicht auf andere Reisende. Gehen Sie nicht

Oben: **Wenn Sie mit Ihrem Hund öffentliche Verkehrsmittel benutzen, müssen Sie ihn jederzeit unter Kontrolle haben.**

davon aus, dass jeder gerne auf Tuchfühlung mit Ihrem Hund geht, und wählen Sie eine Tageszeit, zu der es nicht zu überfüllt ist. Wenn Ihr Hund nervös oder aufgeregt reagiert, bleiben Sie immer in seiner Nähe. Eine kurze Leine und Laufgeschirr anstelle eines Halsbandes garantieren, dass er unter Ihrer Kontrolle bleibt.

ACHTUNG

Hunde sollten niemals zu lange im Auto gelassen werden und schon gar nicht bei Hitze. In Autos kann es bei warmem Wetter schnell brütend heiß werden. Auch wenn Sie im Schatten parken und die Fenster offen lassen, wird es zu heiß für Ihren Hund werden. Hunde erhitzen sich schnell und können nicht über ihre Haut schwitzen. Zusammen mit dem dicken Fell kann das leicht zu einem Herzinfarkt oder Schlimmerem führen.

Menschen kennenlernen

Wie gerne hat Ihr Hund fremde Menschen? Das finden Sie erst heraus, wenn er jemanden trifft, den er *nicht* mag. Welpen stehen neuen Bekanntschaften positiv gegenüber, vorausgesetzt sie stellen keine Bedrohung dar.

Ältere Hunde reagieren unterschiedlich, je nachdem welche Erfahrungen sie bisher gemacht haben. Welpe oder erwachsenes Tier, ein Hund lässt sich manchmal im Kontakt mit Menschen durch Unbekanntes verängstigen, sei das nun ein Gehstock oder ein Hut oder die Tatsache, dass die Person etwas anderes als sonst trägt, das ihre Silhouette verändert.

Links: **Wenn Sie Ihrem Hund beibringen, neue Menschen formell zu »begrüßen«, kann das seine Nervosität abschwächen, da er eine bestimmte Aufgabe hat.**

UMGANG MIT ÄNGSTLICHEM VERHALTEN

Wenn ein Hund gegenüber einer Person ängstlich reagiert, rügen Sie ihn nicht. Er hat das Recht, Angst zu haben, und Sie müssen ihn beruhigen. Am besten entfernen Sie ihn von der Angstquelle. Lassen Sie nicht zu, dass die gefürchtete Person versucht, ihn zu beruhigen, indem sie sich zu ihm runterbückt und in seinen Bereich eindringt oder eine Hand ausstreckt und den Hund zu einer Begrüßung zwingt. In dieser Situation könnte er sich bedrängt fühlen und schnappen. Wenn Sie zu Hause sind, befehlen Sie Ihrem Hund, auf seinen Platz zu gehen. Wenn Sie auswärts sind, bewegen Sie sich langsam von der Person weg, die ihm Angst einflößt.

GEGENKONDITIONIERUNG

Wenn Ihr Hund Angst vor spezifischen Merkmalen fremder Menschen hat, können Sie es mit klassischer Gegenkonditionierung versuchen. Das bedeutet, Sie ändern seine Reaktion, indem Sie die Assoziationen zu den angstbehafteten Dingen ändern.

Dazu brauchen Sie Hilfe und müssen Situationen schaffen, in denen eine Person mit Hut oder auf einem Fahrrad Ihrem Hund Leckerbissen zuwirft.

Versuchen Sie das zwei oder drei Mal. Die Idee dahinter ist, dass die Belohnung mehr und mehr mit dem Angstobjekt verknüpft wird und die Angst langsam durch Vorfreude auf ein Leckerchen ersetzt wird. Meist funktioniert der Trick, er erfordert aber Geduld.

Ihr Hund hat vielleicht keine Angst, sondern ist übermütig und möchte jedermanns Freund sein. Bringen Sie ihm bei, sich hinzusetzen, um jemandem vorgestellt zu werden, und beginnen Sie erst dann mit der Vorstellung. Wenn er immer noch springen will, bitten Sie die Person, ihn abzublocken (siehe Seite 123), sodass er das Vergnügen eines persönlichen Kontaktes erst genießen kann, wenn er Ihrem Befehl folgt.

Unten: **Zwingen Sie einen Hund nicht zu engem Kontakt mit Fremden. Hunde empfinden Augenkontakt als unangenehm.**

FALLBEISPIEL
Fremdes erkennen

Rachel war stolze Besitzerin eines fünf Monate alten Colliemischlings. Der Welpe hatte bereits mehrere andere Menschen und Hunde freudig und bereitwillig kennengelernt. Umso überraschter war Rachel, als sie eines Tages einem Freund die Tür öffnete, den ihr Hund kannte, und dieser zu knurren begann. Als der Freund das Vorzimmer betrat, wich der Welpe zurück und begann zu bellen. Rachel befahl ihm, in seine Box in der Küche zu gehen.

- -

Zehn Minuten später erlaubte sie ihm, ins Wohnzimmer zu kommen, wo er den Freund herzlich wie immer begrüßte. Rachel tat den Vorfall als Ausnahme ab, aber eine Woche später passierte es wieder, mit demselben Besucher. Dieses Mal achtete der Freund nicht weiter darauf, trat ein und legte ab. Als er seine »Verkleidung« abgelegt hatte, trat der Hund vor und wedelte mit dem Schwanz, als ob er jemand Bekannten erkennen würde. Das Verhalten des Hundes ist leicht zu verstehen – er hatte eine unklare Gestalt gesehen, die aus Hut, Mantel und Schal bestand und nicht die Person erkannt, die ihm vertraut war.

Erstes Welpen-training

Sobald ein Welpe stubenrein und daran gewöhnt ist, dass man sich mit ihm beschäftigt, können Sie mit den ersten Lektionen beginnen. So schaffen Sie eine gute Ausgangslage für das echte Training, wenn er etwas älter ist.

Führen Sie die Lerneinheiten regelmäßig durch und lassen Sie keinen Tag aus. Halten Sie sie kurz – nicht länger als zehn Minuten, damit er sich nicht langweilt (Welpen unter 16 Wochen haben eine kurze Konzentrationsspanne) und beenden Sie das Ganze immer mit einem Spiel.

So lernt er nicht nur ein paar Grundlagen, sondern wird auch dazu angespornt, sich auf Sie zu verlassen, wenn er unsicher ist, wie er seine Umgebung einschätzen soll. Ein Hund, der sich auf Sie bezieht, weil er Ihnen vertraut, wird leichter zu erziehen und kontaktfreudiger sein, wenn sich sein Erlebnisradius erweitert.

SEINEN NAMEN LERNEN

Obwohl Worte für Hunde inhaltslos sind, können sie mit ihnen verschiedene Bedeutungen verknüpfen. Es ist unklar, ob ein Hund, der auf seinen Namen reagiert, denkt »Das bin ich!«, oder ob er nur weiß, dass Sie ihm nun Aufmerksamkeit schenken.

Jedenfalls lernen Hunde schnell, zu reagieren. Die »Aktion«, die Sie verlangen, ist, dass er sich auf Sie kon-

zentriert, wenn Sie ihn rufen. Belohnen Sie ihn also, wenn er Sie lediglich anschaut. Er muss nicht kommen, auch wenn es gut ist, wenn er es tut. Fangen Sie an, indem Sie seinen Namen ruhig und leise sagen, wenn Sie neben Ihm stehen oder sitzen und belohnen und loben Sie ihn, sobald er Sie anschaut. Wenn er Sie anschaut, sobald er seinen Namen hört, auch wenn er abgelenkt ist, können Sie das Belohnen langsam reduzieren. Rufen Sie ihn immer in einem fröhlichen und positiven Ton.

KOMMEN AUF ZURUF

Ein Hund, der freudig und zuverlässig zurückkommt, wenn Sie ihn rufen, wird eine viel schönere Zeit haben als ein unfolgsames Tier, da man ihn viel öfter von der Leine lassen kann. Sie können mit dem Training beginnen, sobald er seinen Namen kennt. Rufen Sie ihn aus geringer Entfernung. Wenn er aufsieht, sagen Sie in einem aufmunternden Ton »Hier!«, während Sie eine Belohnung hochhalten. Wenn er kommt, geben Sie ihm das Leckerchen und üben Sie das immer wieder als Teil einer Lektion oder wenn er gerade anders beschäftigt ist. Wenn er zögert oder langsam ist, wiederholen Sie den Befehl nicht mehr als ein Mal und loben und belohnen Sie ihn wie sonst, wenn er folgt.

Ihr Welpe sollte stets gute Assoziationen haben, wenn er zu Ihnen kommt. Wir kennen alle die Szene, wenn ein Besitzer seinen Hund ruft und ruft und ihn rügt, wenn er endlich folgt. So wird er nicht zum Zurückkommen erzogen. Wenn Ihr Welpe langsam ist, laufen Sie von ihm weg, rufen Sie ihn und fordern Sie ihn auf, Ihnen zu folgen. Nur wenige können da widerstehen.

Oben: **Bestrafen Sie keine Unfälle, aber machen Sie sauber, damit sich das Malheur nicht wiederholt.**

TRAGEN EINES HALSBANDES

Wenn Ihr Welpe in den ersten Wochen nicht ständig ein Halsband getragen hat, weil er primär im Haus war, sollte er mit zwölf Wochen langsam daran gewöhnt werden. Die besten Halsbänder für Welpen sind aus weichem Material (Stoff, Nylon oder Leder) und schließen mit einem Schnellverschluss oder einer Schnalle. Zwei Finger sollten zwischen den Hals des Hundes und das Band passen, dann sitzt es nicht zu eng. Bringen Sie eine eingravierte Metallplakette mit Ihrer Adresse, Ihrem Namen und Ihrer Telefonnummer am Halsband an. Wahrscheinlich wird sich Ihr Welpe ein wenig winden und versuchen, sein Band loszuwerden. Wenn es nicht zu fest sitzt, sollten Sie sich davon nicht irritieren lassen, aber prüfen Sie jede Woche, ob das Halsband nicht zu eng geworden ist, da er noch wächst. Die meisten Bänder sind zwar größenverstellbar, aber er wird trotzdem zwei bis drei Stück benötigen, bis er wirklich ausgewachsen ist.

URINSTINKT Duftspuren beseitigen

Auch wenn ein Welpe bereits stubenrein ist, wird es möglicherweise den einen oder anderen Unfall geben. Da Hunde oft den Duft vorheriger Markierungen zum Anlass nehmen, erneut zu markieren, sollten Sie unbedingt alle Duftspuren Ihres Hundes beseitigen, damit ihn nichts mehr »auffordert«, an jener Stelle erneut zu markieren. Regelmäßiges Säubern wird den Duft für sensible Hundenasen nicht ganz verschwinden lassen, deshalb sollten Sie spezielle Reinigungsmittel aus dem Supermarkt oder Tierfachhandel verwenden.

Training, Bewegung und Spiele

Hunde brauchen aus denselben Gründen Bewegung wie Menschen. Laufen hält den Hund schlank und ist gut für seine geistige und körperliche Verfassung. Ein Hund, der viel Auslauf hat, kommt weniger auf den Gedanken, Möbel anzuknabbern, Löcher im Garten zu buddeln oder sich Macken wie ständiges Bellen anzugewöhnen. Und das Spielen – mit Hunden oder Menschen – gibt Ihrem Hund die Möglichkeit, seinen Bewegungsdrang auszuleben, sich mit seinen Artgenossen zu vergnügen und die Beziehung zu Menschen zu vertiefen. Nicht weniger Spaß haben Hunde am Hundetraining – vorausgesetzt, es basiert auf positiver Verstärkung. Die meisten Hunde sind sehr lernbegierig und haben gern die Möglichkeit, Lob und Aufmerksamkeit von ihren Besitzern zu bekommen. Das folgende Kapitel beschäftigt sich mit dem Umfang und der Art von Bewegung, die Ihr Hund braucht, und bietet zahlreiche Vorschläge für Spiele und Tricks zum Ausprobieren. Zudem finden Sie hier verschiedene Trainingsmethoden, mit denen Ihr Hund zum wahren Musterknaben wird.

Wie viel Bewegung?

Wie viel Bewegung braucht Ihr Hund? Bei vielen erwachsenen Hunden würde die Antwort wohl »mehr als bisher« lauten. Laut den meisten Tierarztstudien, bekommt der Großteil der Haushunde eher zu wenig Bewegung als zu viel.

Bewegung hält den Körper jedes Hundes jung und fit. Zudem zeigen Studien, dass die richtigen Menge an Bewegung zur Stressreduktion und Ausgeglichenheit temperamentvoller Hunde beiträgt und Verhaltensauffälligkeiten besonders bei sehr wachsamen und agilen Tieren verhindert. Es ist besser, wenn Ihr Hund draußen im Park einem Frisbee nachjagt, als wenn er zu Hause unablässig die

Rechts: **Flachgesichtige Hunde dürfen sich nicht verausgaben, damit sie sich nicht überhitzen.**

Katze jagt oder im Kreis umherläuft. Dies sind nämlich nur zwei der vielen Marotten, zu denen clevere, energiegeladene Hunde übergehen, wenn sie sich selbst überlassen sind.

Selbst bei einem Hund mit relativ geringem Bewegungsdrang sollte man auf ausreichend Bewegung achten. In Sachen Bewegung gilt jedoch nicht immer »Je mehr, desto besser«: Zu große Anstrengungen sind zum Beispiel für Welpen oder alte Hunde mit rheumatischen Beschwerden nicht empfehlenswert, und nicht jede Art der Bewegung ist optimal für jede Art von Hund. Manche Tiere laufen am liebsten auf einem sicheren, großen Platz frei umher. Andere wiederum lieben es, mit Artgenossen herumzutollen, Fangen zu spielen oder Frisbees zu holen. Wieder andere begleiten gern ihren Besitzer bei dessen Lauftraining. Und genügend ältere oder weniger aktive Hunde (oder brachycephale – flachgesichtige – Arten wie Bulldogge oder Mops) bevorzugen regelmäßige, gemächliche Spaziergänge. Vergessen Sie nicht, dass jede Art von

Bewegung zählt – sie muss nicht immer wild und schnell sein.

EINSCHRÄNKUNGEN

Die Größe Ihres Hundes hat nicht unbedingt etwas mit seiner Ausdauer zu tun (manche Arten von kleinen Hunden, besonders Terrier, scheinen unermüdlich, während große Rassen mitunter weniger Elan als erwartet haben). Es gibt noch andere Faktoren, die sich auf seinen Bewegungsdrang auswirken.

Der Bewegungsbedarf sehr kleiner Hunde – etwa aus der Gruppe der Gesellschafts- und Begleithunde – ist als relativ zu betrachten: 1,75 Kilometer sind vielleicht ein Spaziergang für einen jungen Labrador oder Golden Retriever, aber eine lange Wanderung für einen Chihuahua. Brachycephale Hunde können

Oben: Besonders Apportierrassen sind für ihre Liebe zum Wasser bekannt, doch wenn sie die Chance haben, schwimmen oder paddeln auch andere Hunde gern.

sich, wie bereits erwähnt, besonders leicht überhitzen und sollten sich daher nicht überanstrengen und sich bei Hitze am besten wenig bewegen. Auch manche der dichtbehaarten Rassen (wie Neufundländer oder Bernhardiner) haben mit hohen Temperaturen ihre Probleme. Umso mehr gilt das für Welpen oder ältere Hunde in diesen Kategorien.

Doch egal welche Rasse, bei Hitze sollten Sie die Spaziergänge und Spieleinheiten auf die frühen Morgenstunden oder den Abend verlegen, wenn die Temperaturen niedriger sind.

FALLBEISPIEL
Die richtige Art der Bewegung

Sarah fand ihren acht Monate alten Welpen in einer Notvermittlungsstelle. Casey war ein winziger Dackel, der wie ein Stofftier aussah. In der neuen Umgebung sollte er sich aber als willensstarker Hund mit Vorliebe für übermütiges Spielen erweisen. Beim Spiel draußen mit anderen Hunden war er stets der Erste, der einem Ball oder Frisbee hinterherjagte.

Sarah machte sich Sorgen, da sie von den häufigen Rückenbeschwerden von Dackeln gehört hatte, wollte Casey jedoch nicht den Spaß verderben. Sie rief bei der Notvermittlungsstelle an, wo man ihr vorschlug, Caseys Elan auf gezieltes Training umzulenken. Sarah hatte Zweifel, meldete Casey aber zum Agility an. Casey lernte schnell und bekam einen Parcours, der speziell auf Hunde mit empfindlichem Rücken zugeschnitten war und Wippe-, Tunnel- und Slalomübungen statt Sprünge umfasste. Er liebte das Training so sehr, dass Sarah ihm einen Mini-Parcours im Garten einrichtete. Dank der Begeisterung für Agility scheint Casey seine Frisbees total vergessen zu haben.

BEWEGUNG VON WELPEN

Wie viel, wie bald? Es herrscht große Unsicherheit darüber, ob man einen Welpen stark beanspruchen sollte. Einige Züchter und Tierärzte warnen vor langen Spaziergängen mit einem Hund, der noch kein Jahr alt ist. Andere wiederum meinen, dass ein Welpe, der älter als sechs Monate ist, so lange in Bewegung sein kann, bis er offensichtlich erschöpft ist. Wenn Ihr Welpe einer Rasse angehört, erkundigen Sie sich bei der Abholung, wie viel Auslauf er braucht. Bei einem jungen Mischling sollten Sie Ihren gesunden Menschenverstand einschalten und nach den ersten Impfungen langsam zu längeren Spaziergängen übergehen.

Unten: **Die meisten Hunde schnüffeln gern im Garten. Die Zeit im Freien ist aber nicht gleich »Bewegung«, es sei denn, Ihr Hund spielt oder läuft tatsächlich herum.**

Wenn er müde wirkt, ist es Zeit, nach Hause zu gehen. Wenn Sie vorhaben, mehr als eine Stunde unterwegs zu sein (auch wenn Sie nicht die ganze Zeit auf den Beinen sind), nehmen Sie eine Wasserflasche und einen Napf für Ihren Hund mit und geben Sie ihm regelmäßig zu trinken. Hunde können leicht ohne deutliche Vorzeichen dehydrieren, was gefährlich sein kann.

Rechts: **Welpen bewegen sich gern, ermüden aber schneller als erwachsene Hunde. Bringen Sie den Welpen nach Hause, sobald er müde wirkt.**

CHECKLISTE
Guter Umgang mit Welpen

Ja

- Lassen Sie den Welpen, auch wenn er erst ein paar Wochen alt ist, draußen im Garten spielen. Selbst ganz kleine Welpen sollten schon verschiedene Gerüche und Texturen kennenlernen.
- Lassen Sie den Welpen so lange spielen, bis er müde ist. Wenn er plötzlich einschläft, wecken Sie ihn nicht auf. Alle Welpen haben plötzliche Energieschübe gefolgt von Ruhephasen.
- Achten Sie darauf, ob Ihr Hund Anzeichen von Müdigkeit zeigt. Das Gesicht eines müden Welpen wirkt meist weniger »voll« und das sonst entspannte, fröhlich aussehende Maul in den Winkeln enger. Lernen Sie, seinen Ausdruck von Müdigkeit zu erkennen und sehen Sie es als Signal, nach Hause zu gehen.

Nein

- Regen Sie einen Welpen nicht zu vielen Sprüngen an. Durch Überbeanspruchung können noch wachsende Gelenke und Bänder Schaden nehmen.
- Erlauben Sie einem Welpen auch nicht, endlos Treppen oder Möbel hoch- und hinunterzuklettern, da dies nicht gut für die wachsenden Gelenke ist. Hunde mit langem Rücken wie Dackel oder Dandie Dinmont Terrier sollten selbst in erwachsenem Alter nicht klettern oder springen, da ihr Rücken anfällig für Bandscheibenvorfälle und andere Beschwerden ist.

Arten von Bewegung

Die Beschäftigungsmöglichkeiten für Hunde beschränken sich schon lange nicht mehr auf Gassigehen allein. Sie werden erstaunt sein, welche Optionen es heute gibt.

Links: **Die meisten Hunde lieben einen Agility-Parcours, der ganz auf ihre Fähigkeiten zugeschnitten ist.**

Während früher die Auswahl an Spielzeug auf Bälle oder Stöckchen beschränkt war, gibt es heute eine bunte Vielfalt an Spielsachen, die rollen, quietschen, klingeln und springen.

Vielleicht denken Sie auch darüber nach, spezielles Hundetraining zu probieren. Zu den vielen Möglichkeiten zählen Agility, Flyball (die ideale Hundesportart für ballverrückte Hunde), Dogdancing, Obedience und Trials. Hundeschlittenfahren und Ski-

jöring (bei dem Skifahrer von Hunden gezogen werden), die sich bei Huskies und anderen nordischen Rassen wie Alaskan Malamute und Samojede großer Beliebtheit erfreuen, sind auf Gebiete mit regelmäßigem Schneefall beschränkt, während bei den meisten anderen Aktivitäten dem Vergnügen nichts im Wege steht.

All diese Optionen setzen natürlich ein gewissen Maß an Gehorsamkeit voraus, doch wenn Ihr Hund von Anfang an ein spezielles Interesse und Talent zeigt, wird er es wahrscheinlich lieben, seine Fähigkeiten in professioneller Umgebung unter Beweis zu stellen.

WASSERSPIELE

Besonders auf Apportierrassen wie Labrador, Retriever und Spaniel übt das Wasser eine besondere Anziehungskraft aus. Wenn Ihr Hund es liebt, im Wasser umherzutoben und zu schwimmen, wissen Sie ja, wie schwer es ist, ihn vom kalten Nass, sei es das

Meer, ein See oder ein Fluss, abzuhalten. Viele Hunde sind auch dem hauseigenen Swimmingpool nicht abgeneigt.

Wasser birgt jedoch einige Gefahren für Hunde. Ein scheinbar ruhiges Gewässer kann sehr starke Strömungen aufweisen, gegen die das Tier nicht ankommt. In Seen können Algen schwimmen, die den Hund krank machen. Selbst Swimmingpools können problematisch sein, wenn sie über keine Rampen oder Ähnliches verfügen, über die der Hund herausklettern kann.

Oben: **Achtung bei unbekannten Gewässern. Lassen Sie Ihren Hund an der Leine, bis Sie sicher sind, dass das Schwimmen hier ungefährlich ist.**

Es gibt genügend Orte, an denen Ihr Hund sicher schwimmen kann, doch als echte Wasserratte wird er wohl nicht lange über die Gefahren nachdenken, bevor er sich ins Vergnügen stürzt. Daher müssen *Sie* die Lage vernünftig einschätzen.

Wenn Sie an einem fremden Ort sind, an dem ihr Hund noch nie geschwommen ist, erkundigen Sie sich bei einer ortskundigen Person, bevor Sie ihn von der Leine lassen. Schauen Sie, wo andere Hunde schwimmen, und beherzigen Sie die Ratschläge von deren Besitzern. Haben Sie stets ein Auge auf Ihren Hund, wenn er sich in der Nähe von Swimmingpools aufhält. Wenn Sie selbst einen Pool haben, lassen Sie eine Rampe montieren, sodass Ihr Hund jederzeit ohne Hilfe herausklettern kann.

Einführung ins Training

Irgendwann wird es Zeit, die allgemeine Sozialisation durch Training zu ergänzen. Die meisten Welpen sind erst ab einem Alter von zwölf Wochen zum Training bereit, aber man kann nie zu früh mit den ersten Übungen beginnen.

Wenn Sie schon früh mit dem Training beginnen, lassen Sie sich nicht entmutigen, wenn es nicht gleich zu fruchten scheint. Probieren Sie es einfach nach etwa einer Woche erneut.

ÜBLE ANGEWOHNHEITEN

Ihr Welpe wird nicht nur Neues lernen, sondern sich auch einige schlechte Manieren abgewöhnen müssen, so etwa das Zwicken, wenn Sie sich mit ihm beschäftigen oder er übermütig ist. Auf ein solches Verhalten sollten Sie sofort reagieren. Wenn er seinen Kiefer etwas zu hart schließt, sagen Sie sofort in scharfem, hohen Ton »Auuuu« (je mehr es sich nach einem Schmerzensschrei anhört, desto besser) und wenden Sie den Kopf von ihm ab. Vermeiden Sie Augenkontakt. Wenn Sie ihn gerade halten, setzen Sie ihn ab. Schenken Sie ihm ein, zwei Minuten keine Beachtung. Vielleicht fühlen Sie sich schlecht dabei, immerhin hat er es ja nicht mit Absicht getan, aber Zwicken ist eine schlechte Angewohnheit und kann beim erwachsenen Hund zur Gefahr werden. Und Sie wollen ja nicht, dass Ihr Hund denkt, Beißen sei in Ordnung. Daher müssen Sie es früh genug stoppen. Sie werden diese Reaktion mehrmals wiederholen müssen, doch irgendwann wird er es verstehen.

URINSTINKT Wunsch nach Aufmerksamkeit

Für die meisten Hunde, die um Aufmerksamkeit ringen, ist auch die kleinste Interaktion mit Ihnen immer noch besser als gar keine. Daher ist eine Rüge unter Umständen nicht effizient. Natürlich würde Ihr Hund Lob bevorzugen, doch auch wenn Sie ihn nicht loben, schenken Sie ihm zumindest Aufmerksamkeit. Anstatt auf ihn zu reagieren, sollten Sie ungewolltes Verhalten ignorieren und gewünschtes fördern. Das fällt mitunter schwer, vermittelt Ihrem Hund aber die richtige Botschaft und ist daher eher zielführend.

Vergessen Sie nicht, dass das Kauen für Welpen wichtig ist. Sorgen Sie also stets für ausreichend Kausachen. Wenn er nicht mehr zwickt, bieten Sie Ihrem Welpen einen Kauknochen oder ein festes Gummispielzeug an, an dem er nach Lust und Laune kauen kann.

KÖRPERBLOCKADE

Wenn Sie Ihren Hund davon abhalten wollen, dass er an Ihnen hochspringt, werden Sie instinktiv die Hände ausstrecken und »Nein! Weg!« sagen. Diese Reaktion ist jedoch wenig zielführend. Indem Sie Ihre Hände ausstrecken, schenken Sie ihm Aufmerksamkeit, und durch die laute Stimme verwandeln Sie das unerwünschte Hochspringen möglicherweise in ein Spiel. Um Ihrem Hund zu vermitteln, dass er am Boden bleiben soll, sollten

sie stattdessen seinen Sprung ohne Hände abwehren. Damit setzen Sie ein eindeutiges Zeichen. Am besten wehren Sie ihn ab, noch bevor seine Pfoten Ihren Körper berühren. Sie müssen also schnell sein: Sobald er seine Pfoten vom Boden hebt, wenden Sie sich ab und heben Ihr Bein leicht nach vorn an, sodass er nirgends Halt findet. Sagen Sie dabei in tiefem, bestimmten Ton »Nein«. Da er die Pfoten nirgendwo auflegen kann, landet Ihr Hund wieder auf dem Boden, und Sie können sich neben ihm hinknien und ihn zur Belohnung streicheln. Wenn er bereits auf Befehle reagiert, können Sie ihm »Sitz« befehlen und seine Aufmerksamkeit auf ein gewünschtes Verhalten umlenken und ihn dann mit Leckerchen und Lob belohnen.

SO GEHT'S **Körperblockade**

1 Hände hoch, Bein nach vorn und Körper leicht gedreht – so kann Ihr Hund nur schwer an Ihnen hochspringen.

2 Wenn Sie den Sprung erfolgreich abgewehrt haben, können Sie Ihren Hund mit Aufmerksamkeit belohnen (aber erst, wenn alle vier Pfoten am Boden sind!).

HUNDE UND KINDER

Ein Hund, der zu einer Familie kommt, muss lernen, dass die Kinder übergeordnet sind und mit Respekt behandelt werden müssen. Genauso müssen Kinder Hunde respektvoll behandeln und sich in ihrer Gegenwart ruhig verhalten. Kinder stellen in vielerlei Hinsicht eine Herausforderung für Hunde dar. Ihre Stimmen sind höher und ihr Verhalten ist weniger vorhersehbar – Kleinkinder toben oft herum, sind eine Weile ruhig und machen dann weiter.

Diese Art von Lärm und Bewegung führt Verhaltensforschern zufolge bei den meisten Hunden zu Erregung. Daher sollten Sie auch einen noch so vertrauenswürdigen Hund nie unbeobachtet in der Nähe von kleinen Kindern lassen, und schon gar nicht einen Welpen, dessen Verhalten noch weniger vorhersehbar ist.

Es ist unfair, dem Hund allein, und besonders einem Welpen, die ganze Selbstkontrolle abzuverlangen. Sie können Ihre Kinder nicht davon abhalten, sich ihrer Natur gemäß zu verhalten, aber Sie können und sollten Ihnen beibringen, von Anfang an vernünftig mit Hunden umzugehen.

BEI FUSS

Sobald ein Welpe ans Halsband und ans Gehen an der lockeren Leine gewöhnt ist, können Sie ihm beibringen, bei Fuß zu gehen. Das kann einige Zeit in Anspruch nehmen, denn im Gegensatz zu »Sitz«, »Platz« und »Hier« handelt es sich hierbei nicht um etwas, das Ihr Hund ab und zu auch von sich selbst aus tut.

CHECKLISTE
Verhaltensregeln für Kinder

- 🐾 Wenn ein Hund freundlich ist, streichle ihn sanft – aber nicht am Kopf, sondern an der Seite oder Brust. Steh nicht direkt vor ihm, sondern beweg dich von der Seite auf ihn zu.
- 🐾 Geh nie auf Augenhöhe mit einem Hund und starr ihm nicht in die Augen. Der Hund könnte dich für eine Bedrohung halten und beißen.
- 🐾 Achte auf die Geräusche, die du bei Hunden machst. Schrei und tobe nicht herum, wenn du sie nicht gut kennst.
- 🐾 Balge dich nie mit einem Hund, selbst wenn du ihn kennst und das bei einem Erwachsenen beobachtet hast.
- 🐾 Wenn du einen fremden Hund streicheln möchtest, frag zuerst seinen Besitzer. Stürme niemals auf einen fremden Hund zu.

Am besten bringen Sie Ihrem Hund das Bei-Fuß-Gehen spielerisch in mehreren Etappen bei, sodass die Grenzen zwischen Training und Spiel verschwimmen. Sie können schon bei einem ganz kleinen Welpen beginnen. Sobald er Probleme mit dem nächsten Schritt hat, kehren Sie einfach zum vorigen zurück.

Mit den alten Trainingsmethoden, bei denen die Besitzer ihre Welpen beim Spaziergang hinter sich herziehen sollten, haben die Hunde höchstens gelernt, dass es ihnen wehtut, wenn sie nicht gehen. Das ist wenig zielführend.

Machen Sie sich stattdessen den Jagdinstinkt des Welpen mit einem Fangspiel zunutze, und mit etwas Geduld wird er bald neben ihnen herlaufen. Die Leine kommt zuletzt ins Spiel. Wenn Ihr Hund während des Spiels wie selbstverständlich mit der Leine um den Hals läuft, können Sie sie irgendwann einmal (locker) hochheben und mit ihm spazieren. Früher oder später wird er an der Leine weder ziehen noch zerren.

Dieses »Fangspiel« funktioniert bei den meisten Hunden, ob Welpe oder erwachsenes Tier. Zunächst müssen Sie ihn dazu bringen, Ihnen nachzulaufen. Erregen Sie zuerst seine Aufmerksamkeit und laufen Sie dann vor ihm weg. Rufen Sie dabei seinen Namen und machen Sie laute Geräusche, damit er bei Ihnen bleibt. Wenn er Sie einholt, geben Sie ihm ein Leckerchen, das Sie auf der Seite halten, auf der er schließlich spazieren soll (meist links).

Gehen Sie dann flott weiter und beginnen Sie zu laufen, sobald Ihr Hund näher kommt. Wenn er Sie erreicht hat, belohnen Sie ihn erneut. Üben Sie das täglich und belohnen Sie ihn stets auf der Seite, auf der er bei Fuß gehen soll. Wiederholen Sie dieses Spiel so lange, bis Ihnen Ihr Hund vergnügt folgt, sobald Sie fortlaufen. Je flotter die Gangart, desto besser.

SO GEHT'S **Bei Fuß gehen**

1 Entfernen Sie sich rasch von Ihrem Hund und rufen Sie ihn, um seine Aufmerksamkeit zu erregen.

2 Sobald er sich Ihnen nähert, laufen Sie vor ihm weg und rufen Sie ihn weiter, damit daraus ein Spiel wird.

3 Wenn er Sie einholt, geben Sie ihm ein Leckerchen, das Sie nah am linken Bein halten. Laufen Sie erneut los.

Links: **Ein Hund, der ordentlich an die Leine gewöhnt ist, genießt mehr Freiheiten, da Sie ihn an alle möglichen Orte mitnehmen können.**

überholt, wechseln Sie die Richtung, damit er Ihnen erneut folgt. Gehen Sie nicht wie bei einer Parade auf und ab, sondern ändern Sie stattdessen die Richtung und die Geschwindigkeit nach Belieben.

Sie wollen Ihrem Hund vermitteln, dass er mit Ihnen mitgehen soll, und nicht, dass Sie in eine bestimmte Richtung gehen. Ziel ist es, dass der Hund neben Ihnen her trottet – egal in welche Richtung oder in welchem Tempo und ob sich irgendwelche Ablenkungen ergeben.

Stellen Sie sicher, dass die Leine stets locker ist, sodass der Hund Ihnen folgt, nicht seiner eigenen Wege geht und dabei an Sie gebunden ist. Dank der lockeren Leine kommt Ihr Hund auch nicht auf die Idee, an der Leine zu zerren oder zu beißen. Er wird vielmehr daran interessiert sein, Ihnen nachzujagen und herauszufinden, welche Belohnung auf ihn wartet.

AN DER LEINE GEHEN

Sobald Ihr Hund daran gewöhnt ist, Ihnen nachzulaufen (und sich sein Leckerchen abzuholen), können Sie dazu übergehen, die Leine beim erneuten Weggehen aufzuheben. Machen Sie schnelle Schritte, sodass Ihnen der Hund folgt. Wenn er Sie

CHECKLISTE
Richtiges Führen an der Leine

- Halten Sie die Leine immer auf derselben Seite – in der Regel auf der linken.
- Achten Sie darauf, dass Sie neben oder vor Ihrem Hund gehen.
- Trainieren Sie kurz und häufig.

- Muntern Sie Ihren Hund dazu auf, Ihnen zu folgen – das Training an der Leine soll für ihn wie ein Spiel sein.
- Führen Sie Ihren Hund erst spazieren, wenn er schon ein wenig an die Leine gewöhnt ist.

Sobald er es gewohnt ist, mit Ihnen zu spazieren, belohnen Sie ihn in unregelmäßigen Abständen. Leckerchen sollten eine Trainingshilfe und kein unerlässliches Lockmittel sein, sonst gehorcht Ihnen Ihr Hund irgendwann einmal nur noch, wenn ein Leckerbissen auf ihn wartet.

Wechseln Sie also Leckerchen mit Lob und Streicheleinheiten als Belohnung ab. Behandeln Sie die Übung so, als handle es sich um ein spannendes Spiel und nicht um eine Lerneinheit (Ihrem Hund geht es nur darum, dass es Spaß macht!).

Bei Hundeschauen oder Obedience-Wettbewerben werden Sie beobachten, dass die Hunde ständig zu ihren Besitzern hochblicken – und so soll es auch bei Ihrem Hund sein.

Machen Sie von Anfang an dieses Training an der Leine, und üben Sie zu verschiedenen Tageszeiten. Sorgen Sie dafür, dass die Einheiten kurz, spaßbetont und abwechslungsreich sind. Da das disziplinierte An-der-Leine-Gehen unerlässlich für einen wohlerzogenen Hund ist, sollten Sie früh mit dem Training beginnen und es auch im Erwachsenenalter fortsetzen.

Lassen Sie sich nicht entmutigen, wenn Ihr neuer Hund schon älter ist: Auch ein erwachsener Hund lässt sich auf diese Weise an die Leine gewöhnen. Wenn er bereits mit Vorliebe an der Leine zieht, könnte es zwar ein längeres Unterfangen werden, doch Geduld und Standhaftigkeit werden sich bezahlt machen.

WIE GEHT'S **An der Leine**

1 Wenn Ihr Hund es gewohnt ist, Ihnen nachzueilen und eine Belohnung zu erhalten, nehmen Sie die Leine ...

2 ... und laufen Sie erneut los. Er wird vergnügt neben Ihnen herlaufen.

3 Machen Sie schnelle Schritte. Ändern Sie Tempo und Richtung, damit Ihr Hund aufmerksam bleibt.

Training mit älteren Hunden

Wenn Sie sich einen älteren Hund angeschafft haben, werden Sie vom vorigen Halter einiges über seine bisherige Erziehung erfahren haben. Immer wieder sind Besitzer von Tierheim-Hunden erstaunt, wie wohlerzogen ihr Tier bereits ist.

Es ist jedoch völlig normal, wenn in den ersten paar Wochen in der neuen Umgebung das eine oder andere Problem auftritt.

WIE SIE MEHR ÜBER IHREN HUND ERFAHREN

Die Beurteilung des Tierheims verrät Ihnen bereits, ob Ihr Hund zum Beispiel selbstsicher oder ängstlich ist oder ob er sich mit Hunden und Kindern versteht. Wie er aber speziell auf Ihre Situation reagiert, stellt sich tatsächlich erst bei Ihnen zu Hause heraus. Und selbst dann kommt es immer wieder vor, dass Hunde, die aus dem Tierheim stammen, erst nach einer Schonfrist von zwei bis drei Wochen ihr wahres Gesicht zeigen.

Unten: **Geben Sie Ihrem neuen Hund die Chance, sowohl angeleint als auch unangeleint Bekanntschaft mit anderen Hunden zu machen. So können Sie sehen, wie er mit ihnen auskommt.**

Sehr vielen erwachsenen Hunden fällt die Eingewöhnung ins neue Zuhause überhaupt nicht schwer. Doch selbst der problemloseste Hund wird von einem Auffrischungskurs in Sachen Erziehung enorm profitieren. Wenn Ihr Hund weiß, was er kann, steigert das sein Selbstvertrauen. Zudem helfen ein paar Lektionen in Sachen Manieren, die Mensch-Hund-Beziehung zu vertiefen. Unterscheiden Sie dabei nicht allzu stark zwischen Training und Spiel – Sie können täglich etwas Training an der Leine (wie auf den vorherigen Seiten beschrieben) mit Ball- oder Versteckspielen abwechseln, und Ihr Hund wird nicht einmal auf die Idee kommen, dass es sich um Training handeln könnte. So verliert er weder die Freude am Training noch seinen Lerneifer.

Geduld und Beharrlichkeit sind bei erwachsenen Hunden ebenso wichtig wie bei Welpen – und umso wichtiger, wenn Ihr Hund keine gute Kinderstube genossen hat oder – schlimmer noch – Misshandlungen ausgesetzt war.

Bevor Sie sein gutes Benehmen auf die Probe stellen, sollten Sie herausfinden, wodurch er sich am besten motivieren lässt. Sind es Leckerchen, Bälle, Stöckchen oder doch Quietschspielzeug? Mit diesen Dingen können Sie ihn dann entsprechend belohnen.

ERSTE SCHRITTE

Bis Sie wissen, wie Ihr Hund in verschiedenen Situationen reagiert, sollten Sie jedes Mal, wenn er neue Erfahrungen macht, Herr der Lage sein.

Stellen Sie ihn zunächst zu Hause auf die Probe. Rufen Sie Ihren Hund aus einem anderen Raum zu sich. Befehlen Sie ihm, sich hinzusetzen und hinzulegen (wenn er Sie offenbar nicht versteht, werfen Sie gleich einmal einen Blick auf die Seiten 132–133!). Wenn er diese Kommandos beherrscht, versuchen Sie es mit »Bleib« (Seiten 134–135). Spielen Sie mit diversen Spielsachen und befehlen Sie ihm, sie abzugeben. Gehorcht er sofort, geben Sie sie ihm gleich zurück. Wenn nicht, versuchen Sie, das Spielzeug gegen ein anderes Ding oder Leckerchen einzutauschen. Geben Sie ihm dann wieder das ursprüngliche Spielzeug zurück.

Oben: **Sorgen Sie zunächst dafür, dass Ihr Hund bei ein oder zwei gutmütigen Hunden Vertrauen gewinnt, bevor Sie ihn mit größeren Gruppen zusammenbringen.**

WARNSIGNALE

Suchen Sie Hilfe, wenn Ihr Hund:

- Zu dominant oder aggressiv mit anderen Hunden »spielt«.
- An der Leine reißt oder andere Hunde anbellt, wenn er angeleint ist.
- Zu besitzergreifend bei seinen Sachen ist (etwa knurrt, wenn man während des Spielens an ihm vorübergeht).
- Sich duckt oder sich übertrieben ängstlich gegenüber Fremden oder unbekannten Hunden zeigt.
- Aus irgendeinem Grund beinahe oder tatsächlich zugebissen hat.

Wenn Sie wissen, wie er sich zu Hause verhält, stellen Sie ihn im Freien auf die Probe. Vereinbaren Sie ein Treffen mit einem Hund, von dem Sie wissen, dass er ein gutmütiges und geduldiges Wesen hat; führen Sie ihn in verschiedenen Umgebungen an der Leine spazieren. Testen Sie, ob er trotz Ablenkungen (etwa spielende Hunde) auf Ihr Rufen reagiert. Beobachten Sie genau, wie er sich in verschiedenen Situationen verhält und unterziehen Sie ihn keinen neuen Tests, bevor er nicht die vorherigen bestanden hat. Bringen Sie ihn zum Beispiel nicht mit mehreren Hunden gleichzeitig zusammen, bevor er nicht Bekanntschaft mit einem und dann zwei Hunden geschlossen hat.

Versuchen Sie in der Kennenlernphase mögliche Probleme auszumachen, nur so können Sie auch daran gehen, diese zu beseitigen.

PROBLEMLÖSUNG

Eventuell auftretende Probleme müssen effizient und umgehend gelöst werden. Sehen Sie nicht tatenlos zu, bis ein Problemverhalten eskaliert. Wenn Ihr Hund an der Leine ängstlich wirkt, sich anderen Hunden gegenüber aggressiv zeigt oder sich nicht anfassen lässt, suchen Sie besser sofort professionelle Hilfe. Hoffen Sie nicht, dass sich sein Verhalten schon wieder legen wird, und riskieren Sie nicht, dass die Lage womöglich aus den Fugen gerät.

Oft bringt es mehr, einen verhaltensauffälligen Hund zum Einzeltraining mit einem Experten zu bringen. Die Hundeschule ist für Hunde ohne spezifische Verhaltensprobleme geeignet. Die Trainer dort haben meist nicht genügend Zeit, um individuell auf jeden Hund eingehen zu können. Und die Anwesenheit vieler anderer Hunde kann einen Hund, der bereits Probleme hat, überfordern, sodass das Training mitunter mehr schadet als nützt.

Hören Sie sich bei anderen Hundebesitzern oder Ihrem Tierarzt nach einem geeigneten Experten um. Erkundigen Sie sich zuerst nach seinen Methoden und nehmen Sie keine Trainer, die auf »Korrektur« mit harter Hand setzen oder darauf bestehen, dass der Besitzer den Hund »dominieren« muss. Ein Trainer, der positive Verstärkung einsetzt, ist stets die bessere Wahl.

FALLBEISPIEL
Schlechte Angewohnheiten

Simon baute zu seinem dreijährigen Boxer aus dem Tierheim binnen weniger Tage ein enges Verhältnis auf. Zu Hause verhielt sich Buster ruhig und spielte unangeleint friedlich mit anderen Hunden. An der Leine aber sah die Sache ganz anders aus: Jedes Mal, wenn er an einem anderen Hund vorbeikam, riss er an der Leine und bellte. Auch in der Hundeschule war es nicht besser – sobald er angeleint war, begann er wie verrückt zu bellen. Simon vereinbarte einen Termin bei einer Verhaltenstrainerin.

- - - - - - - - - - - - - - - - - - - -

Sie begleitete die beiden auf einem Spaziergang und sah, dass Buster, wenn er nicht frei mit anderen Hunden interagieren konnte, übererregt und sein Verhalten das Ergebnis von Frustration war. Sie schlug mehrere Methoden vor, mit denen Simon Busters Aufmerksamkeit zurückgewinnen konnte: etwa ihn mit Wasser zu besprühen und laute, unerwartete Geräusche zu machen. Sobald Busters Aufmerksamkeit auf Simon gerichtet war, konnte er ihn dazu bringen, sich in der gewünschten Weise zu verhalten. Schon bald verliefen die Begegnungen mit anderen Hunden ohne Zwischenfälle ab.

Übung macht den Meister

Wenn Sie einen Welpen besitzen, werden Sie ihm von klein auf die Befehle »Sitz«, »Platz«, »Bleib« und »Hier« beibringen. Bei einem erwachsenen Hund ist mitunter ein Auffrischungskurs oder gar ein Grundkurs wie bei einem Welpen erforderlich.

Wie auch immer die Ausgangslage aussieht, diese vier Kommandos bilden das Rüstzeug für alle weiteren Befehle, die Ihr Hund später noch lernen soll. Sie werden diese so oft gebrauchen, dass Ihr Hund sie problemlos beherrschen sollte. Daher ist es beim Erlernen der Befehle auch so wichtig, von Anfang an nichts falsch zu machen.

Die folgenden Übungen sollten zur täglichen Routine Ihres Hundes gehören. Sobald er diese beherrscht, können Sie ihn überallhin mitnehmen, da Sie sicher sein können, dass er Ihnen gehorcht. Das erfolgreiche Training erkennt man daran, dass der Hund auf alle vier Kommandos folgt – sogar wenn er im Freien durch andere Reize abgelenkt wird.

SO GEHT DAS »Sitz« und »Platz«

1 Geben Sie das Kommando »Sitz«. Halten Sie die Belohnung über seinem Kopf nach hinten, sodass er ihn leicht zurückneigt ...

2 ... und sein Rumpf sich nach unten bewegt. Geben Sie ihm die Belohnung in dem Moment, wenn sein Hinterteil den Boden berührt.

URINSTINKT **Lockmittel oder Belohnung?**

Wie beurteilt Ihr Hund Belohnung? Er weiß wahrscheinlich, dass ein Leckerchen für ihn drin ist, wenn er Ihnen gehorcht. Wenn als Belohnung aber ein Leckerchen oder andere angenehme Dinge winken, assoziiert er mit dem erwünschten Verhalten generell etwas Positives und keine Belohnung.

Sie wollen ja schließlich nicht, dass er Ihnen nur dann gehorcht, wenn Futter als Lockmittel im Spiel ist. Ein Leckerchen sollte also als eine mögliche Belohnung winken, aber kein unabdingbares Muss sein – was er nämlich am meisten genießt, ist die Interaktion mit Ihnen.

PLATZ

Sobald Ihr Hund das Kommando »Sitz« beherrscht, folgt als Nächstes meist »Platz«. Verstecken Sie ein Leckerchen in der Hand und zeigen Sie es ihm erst, wenn Sie ihm »Sitz« befohlen haben und er bereits sitzt. Knien Sie sich dann neben ihm hin (wenn er sich dabei wieder aufrichtet, befehlen Sie ihm erneut »Sitz«) und führen Sie die Hand mit dem Leckerchen von seiner Nasenhöhe zum Boden hinab, strecken Sie dann die Hand vor ihm aus. Manche Hunde legen sich sofort hin, um ans Leckerchen zu gelangen, andere stehen auf und stupsen mit der Nase die Hand an. Geben Sie das Leckerchen erst her, wenn sich Ihr Hund niederlegt. Wenn er nicht begreift, was er tun soll, können Sie zur Verdeutlichung seinen oberen Rücken leicht nach unten drücken. Zwingen Sie ihn aber nicht in die Position.

3 Damit Ihr Hund »Platz« macht, befehlen Sie ihm »Sitz«, halten ihm ein Leckerchen vor die Nase und sagen »Platz«.

4 Sobald er sich niederlegt, geben Sie ihm das Leckerchen. Warten Sie aber, bis er ganz am Boden ist, und lassen Sie ihn nicht vorher das Leckerchen nehmen.

Die meisten Hunde beherrschen den Befehl nach ein paar Einheiten. Geben Sie das Leckerchen immer erst dann her, wenn er zum Liegen kommt, damit der Hund Verhalten und Belohnung miteinander assoziiert.

BLEIB

Jungen, lebhaften Hunden fällt es zwar oft schwer, lange Zeit an einer Stelle zu verharren, die meisten Hunde lernen dieses Kommando jedoch ohne größere Mühe. Sobald der Hund den Zweck der Übung verstanden hat, können Sie die Dauer ausdehnen. Trainieren Sie zunächst im Haus, damit er nicht abgelenkt wird. Bevor er »Bleib« erlernt, muss Ihr Hund einwandfrei »Sitz« und »Platz« beherrschen, denn mit allen Kommandos zugleich ist er heillos überfordert.

Befehlen Sie ihm zuerst, »Sitz« zu machen. Sobald er sitzt, gehen Sie einen Schritt zurück und strecken Sie ihm Ihre Handfläche aufrecht entgegen. Er darf die Geste nicht mit jener für »Sitz« verwechseln. Sagen Sie nun mit tiefer, ruhiger Stimme »Bleib«. Die ersten paar Male wird er wohl aufspringen und zu Ihnen kommen (obwohl die aufrechte, flache Hand ein gutes visuelles Signal ist, versteht er es mitunter nicht sofort). Seien Sie geduldig – befehlen Sie ihm, sich wieder hinzusetzen, und wiederholen Sie die Übung. Sobald er es versteht und selbst nur für eine Sekunde bleibt, gehen Sie wieder zu ihm und geben Sie ihm ein Leckerchen. Seien Sie schnell, sodass er die Belohnung mit »Bleib« assoziiert – er darf nicht aufgerichtet sein.

SO GEHT DAS »Bleib«

1 Befehlen Sie Ihrem Hund »Sitz«. Strecken Sie ihm Ihre Handfläche entgegen und sagen Sie »Bleib«.

2 Gehen Sie ein paar Schritte zurück und halten Sie die Handfläche weiter aufrecht. Wenn er sich aufrichtet, sagen Sie gedehnt »Bleeiiib«. Sobald er auch nur eine Sekunde bleibt, geben Sie Ihm ein Leckerchen.

3 Wenn er ein bis zwei Sekunden bleiben kann, wechseln Sie Leckerchen mit Lob ab. Wenn er sich wieder von der Stelle rühren darf, sagen Sie »Hier!« und öffnen Sie dabei ihre Hände.

Mitunter braucht es einige Anläufe, bis es klappt. Erst wenn Ihr Hund ein paar Sekunden in ruhiger Umgebung bleibt, sollten Sie die Übung an Orten probieren, wo er abgelenkt werden könnte. Bei täglicher Übung lernen die meisten Hunde allmählich selbst, in einiger Entfernung von Ihnen zu bleiben, auch wenn interessante Dinge rund um sie herum passieren. Steigern Sie langsam den Schwierigkeitsgrad und erwarten Sie Fortschritte innerhalb von Monaten, nicht Wochen.

HIER

»Hier!« sollte einer der Befehle im Repertoire Ihres Hundes sein und ebenso täglich geübt werden. Rufen Sie es auf jeden Fall in einem fröhlichen Ton und belohnen Sie ihn, sobald er da ist. Sobald er den Dreh heraushat, rufen Sie ihn, wenn er in Ihrer Nähe ist, sich aber noch nicht in Ihre Richtung begibt. Steigern Sie dann allmählich die Entfernung, aus der Sie ihn rufen. Wenn er jedes Mal kommt, probieren Sie ihn zu rufen, wenn er abgelenkt oder mit etwas anderem beschäftigt ist. Machen Sie nie den Fehler, mit Ihrem Hund zu schimpfen, wenn er erst nach einer Weile zurückkommt. Wenn er zu Ihnen zurückkommt, macht er das Richtige, also hat er sich eine Belohnung verdient. Ignorieren Sie das Fehlverhalten und belohnen Sie die Erfolge, sodass er schließlich jedes Mal gehorchen wird.

Clicker-
training

Clickertraining hat in den letzten 15 Jahren enorm an Popularität gewonnen, sodass es in vielen Hundeschulen zumindest als Option angeboten wird. Viele Hundehalter setzen es sogar als einzige Trainingsmethode ein.

UND SO GEHT'S

In den 1940er Jahren ging die Verhaltensforschung dazu über, sich auf operante Konditionierung zu konzentrieren, wonach eine positive Reaktion auf ein gewünschtes Verhalten die Wahrscheinlichkeit dieses Verhaltens erhöht. Aus dieser Erkenntnis entstand eine Trainingsmethode, die allmählich zum Clickertraining weiterentwickelt wurde. Der Clicker ist ein kleines, rechteckiges Gerät, meist aus Plastik mit einem Metallstreifen

Unten: **Sobald er darauf trainiert ist, erregt das Clickgeräusch sofort die Aufmerksamkeit Ihres Hundes.**

im Inneren. Beim Drücken ertönt ein klares, unverkennbares Klicken. Der Grundgedanke hinter dem Training besteht darin, dass der Hund beim Ertönen des Klicks weiß, dass er eine Belohnung erhalten wird. Wenn Sie das Geräusch einsetzen, sobald er ein gewünschtes Verhalten zeigt, assoziiert er dieses Verhalten mit dem Klick.

Sie fragen sich jetzt vielleicht, worin sich dieses spezifische Geräusch von anderen unterscheidet, die Sie selbst machen können (etwa einem Wort oder Pfiff). Der entscheidende Unterschied besteht darin, dass Sie mit etwas Übung den Clicker genau in dem Moment einsetzen können, in dem der Hund das gewünschte Verhalten zeigt. Dies fällt bei einer gesprochenen Anweisung viel schwerer. Ein weiterer Vorteil liegt darin, dass der Clicker im Gegensatz zur menschlichen Stimme stets dasselbe Geräusch macht. Anhänger dieser Trainingsform sind der Ansicht, dass sie immer funktioniert, sofern man sich an ein paar einfache Regeln hält. Selbst Trainer, die sich dieser Technik nicht gänzlich verschrieben haben, setzen sie für komplizierte Tricks ein, da sie dem Hund das gewünschte Verhalten in Sekundenschnelle signalisieren kann.

SO TRAINIEREN SIE

Beim Clickertraining müssen Sie erst einmal dafür sorgen, dass Ihr Hund den Klick mit einer Belohnung assoziiert. Bewaffnen Sie sich mit einigen Leckerchen, sodass Sie garantiert die Aufmerksamkeit Ihres Hundes erregen. Sie werden zunächst viele davon verteilen, halten Sie sie also klein – winzige Happen Käse oder Wurst sind ideal. Sorgen Sie nun dafür, dass Ihr Hund durch nichts abgelenkt wird. Betätigen Sie den Clicker ein Mal. Wenn Ihr Hund Sie anblickt, halten Sie ihm das Leckerchen hin. Nun, da Sie seine Aufmerksamkeit haben, klicken Sie erneut. Er wird Sie anblicken. Geben Sie ihm ein Leckerchen. Nach fünf bis sechs Wiederholungen wird er allmählich den Dreh heraushaben, befehlen Sie ihm also, etwas zu tun, das er bereits kann – »Sitz« oder »Platz«. Sobald er gehorcht, klicken Sie und geben Sie ihm ein Leckerchen. Es klingt fast zu schön, um wahr zu sein, aber es funktioniert. Versuchen Sie während des Trainings nicht zu sprechen (sollte Ihnen das zu schwer fallen, können Sie »braver Hund« sagen, wenn Sie ihm das Leckerchen geben). Halten Sie die Trainingseinheiten kurz und beenden Sie sie, bevor sich Ihr Hund langweilt. Sobald er das Konzept verstanden hat, wird er sich bei Ertönen des Klicks sofort für ein Leckerchen zu Ihnen drehen. Wenn das passiert, können Sie einen Moment länger warten, bevor Sie ihn

belohnen. Wenn er ein Verhalten perfekt beherrscht, können Sie allmählich mit dem Belohnen aufhören und nur die Anweisung und den Clicker einsetzen und ihn loben. Gehen Sie dann zu etwas anderem über, das Sie ihm beibringen möchten. Wenn Sie die Ergebnisse nach ein, zwei Einheiten überzeugen, halten Sie Ausschau nach weiterführenden Kursen vor Ort.

CHECKLISTE
Clicker

Ja

- 🐾 Üben Sie Ihre zeitliche Koordinierung, bevor Sie trainieren. Beobachten Sie den Sekundenzeiger auf Ihrer Uhr und versuchen Sie genau in dem Moment zu klicken, wenn er auf 12 oder 6 springt.
- 🐾 Untergliedern Sie jedes Verhalten oder jeden Trick in kleine Schritte. Klicken und belohnen Sie für jeden Schritt.

Nein

- 🐾 Richten Sie den Clicker nicht auf den Hund. Halten Sie ihn seitlich.
- 🐾 Machen Sie nicht mit komplexeren Übungen (wie einer Rolle) weiter, wenn Ihr Hund die einzelnen Schritte offenbar nicht begreift. Legen Sie lieber eine etwa zweiminütige Pause ein und befehlen Sie ihm eine leichte Tätigkeit wie »Sitz« – klicken Sie, belohnen Sie und beginnen Sie erneut.

Spielen lernen

Selbst beim Spielen gibt es gutes Benehmen und schlechtes. Wir haben bereits geklärt, wie man Welpen das Zwicken und Springen abgewöhnt (siehe Seiten 122–123). Im Folgenden geht es um lustige Spiele und solche, die Sie am besten erst gar nicht ausprobieren.

Links: **Viele Hunde lieben es, an Spielzeug zu zerren. Achten Sie immer darauf, dass Sie am Ende des Spiels das Spielzeug haben.**

RINGEN UND ZERREN

Viele Hunde tollen liebend gerne mit ihren Besitzern oder anderen Hunden herum. Hunde können schon einmal spielerisch miteinander ringen, vorausgesetzt ihre Stärken sind ausgeglichen. Wenn einer der Hunde zu eifrig wird und ungehemmt zu beißen beginnt, lässt sich die entstehende Rauferei meist ohne größere Verluste unterbinden. Mitunter balgen sich auch Besitzer gern mit ihren Hunden – dabei ist aber Vorsicht geboten.

Wenn der Hund zu übermütig wird, was innerhalb einer Sekunde passieren kann, sodass niemand die Chance hat, einzugreifen, kann ein Biss ins Gesicht für einen Menschen viel schlimmer ausgehen als für einen anderen Hund. Selbst Hunde, die in der Regel sehr ausgeglichen sind, sind nie hundertprozentig berechenbar.

Wie lustig sie auch sein mögen, Hundetrainer raten eindringlich von Raufereien zwischen Mensch und Tier ab, da die Risiken das Vergnügen deutlich überwiegen. Tatsache ist, dass Hundebisse schwere Folgen haben können und dass ein Hund, der einmal zugebissen hat, unter Umständen eingeschläfert werden muss.

Hunde zerren auch liebend gerne an Dingen. Dieses Spiel ist leichter kontrollierbar, da der Kontakt nicht direkt ist und ein Spielzeug involviert ist, das man entfernen kann, wenn es zu wild wird. Behalten Sie beim Spiel stets die Oberhand. Nehmen Sie am Ende das Spielzeug in Ihre Obhut und packen Sie es bis zum nächsten Mal weg, statt Ihrem Hund zu erlauben, es als Preis davonzutragen.

FANGEN

Achten Sie darauf, dass immer Sie der Gejagte sind. Die meisten Hunde sind schneller als ihre Besitzer und Sie werden wohl kaum Lust haben, Ihrem Hund außerhalb der Spielsituation hinterherzulaufen. Wenn Ihr Hund also vor Ihnen wegläuft, drehen Sie sich einfach um und laufen Sie so schnell wie möglich in die andere Richtung. Rufen und schreien Sie dabei, damit er versteht, dass Sie gejagt werden möchten. Kein Hund kann dieser Herausforderung widerstehen und er wird Ihnen sogleich hinterhereilen.

Unten: **Vorliebe für Fangspiele: Ihrem Hund wird es egal sein, ob er der Jäger oder Gejagte ist.**

FALLBEISPIEL
Spielen lernen

Nick fand seinen Hund Lou, einen Bobtail mittleren Alters, in einer Notvermittlungsstelle. Dort sagte man ihm, dass es sich bei dem Tier um eine Zuchthündin handelte, die aus einer Massentierzucht gerettet worden war. Die abgemagerte und ängstliche Hündin war allmählich wieder aufgepäppelt worden. Zu Hause stellte Nick fest, dass es ihr an der typischen Ausgelassenheit ihrer Rasse fehlte. Sie schien nicht zu wissen, wie man spielt – sie verschmähte Bälle und Stöckchen und blickte nur verdutzt drein, wenn Nick vor ihren Augen mit Spielzeug wedelte.

- -

Nicks Tierarzt vermutete, dass es Lou zuvor an Anreizen gemangelt hatte. Er schlug vor, dass Nick, nachdem die Hündin ihr Fressen liebte, Leckerchen mit Spielen verband. Also stopfte Nick Kongs und anderes Spielzeug mit Leckerchen aus, die Lou hervorholen konnte. Sobald Futter involviert war, schien die Hündin Gefallen am Spielen zu finden. Das Aufstöbern der »Beute« bereitete ihr großes Vergnügen und Nick stellte fest, dass sie allmählich wieder an Lebensfreude gewann.

Stöckchen und Bälle

Die meisten Hunde mögen von Natur aus Stöckchen und Bälle – ob sie sie nun gern umhertragen oder ihnen lieber bis zur Erschöpfung hinterherjagen. Es gibt aber auch verschiedene Möglichkeiten, das Spiel zu erweitern.

TAUSCHGESCHÄFT

Dieses Spiel eignet sich für einen Hund, der sein Spielzeug nicht abgeben will. Wedeln Sie in einem solchen Fall einfach mit einem zweiten Spielzeug vor seiner Nase umher. Er wird das eine fallen lassen, um dem zweiten hinterherzujagen. Wenn Ihr Hund dazu neigt, seine Sachen zu bewachen, heben Sie das fallen gelassene Spielzeug auf und geben Sie es ihm zurück. Das verstärkt die Idee, dass er nur profitiert, wenn er es beim nächsten Mal abgibt.

CHECKLISTE
Spaß mit Bällen

- Wenn Ihr Hund athletisch ist, kaufen Sie einen Ballwerfer, mit dem Sie den Ball weiter werfen können.
- Tennisbälle eignen sich am besten zum Werfen und Fangen, da sie strapazierfähig sind und gut springen. Leichte Schaumstoffbälle sind eine gute Alternative für junge Welpen oder ältere Hunde.
- Wenn Ihr Hund den Ball lieber schubst, kaufen Sie ein paar Kegel und probieren Sie eine Mini-Slalom-Strecke mit ihm. Viele Hunde lernen schnell, den Ball zu dribbeln, wenn man es ihnen zuerst zeigt.
- Werfen Sie ein Frisbee nicht zu heftig – der Hund muss es mit den Zähnen fangen!

Links: **Nur wenige Hunde können einem Ballspiel – in welcher Form auch immer – widerstehen.**

SPIELE FÜR MENSCH UND TIER

Ballverrückte Hunde können an allen möglichen Ballspielen wie Fußball oder Volleyball Gefallen finden. Entdecken Sie einfach spielerisch die Vorlieben Ihres Hundes. Manche stupsen gern einen etwas größeren Ball mit der Nase an, während andere scheinbar von Natur aus gut dribbeln können.

Rechts: **Ein Frisbee mit weichem Rand ist besser für das Gebiss des Hundes geeignet.**

Trommeln Sie zum Fußballspiel mehrere Spieler und Hunde zusammen. Ihr Hund wird die Regeln zwar nicht verstehen, aber wenn Sie ihn dazu bringen, mit einem der Spieler mitzulaufen, steht einem ausgelassenen Spiel nichts im Wege.

Volleyball erfordert schon etwas mehr Geschick, ist aber ideal, wenn Ihr Hund den Ball eher mit der Nase anstupst, als ihn zu fangen. Stellen Sie dazu im Garten ein niedriges Netz auf und nehmen Sie einen leichten Ball. Beginnen Sie mit einem Freund zu spielen und schauen Sie, ob Ihr Hund darauf einsteigt. Zeigt er Interesse, feuern Sie ihn tatkräftig an.

Diese Spiele sind ein guter Zeitvertreib für zu Hause, doch wenn Ihr Hund sich als besonders geschickt erweist, ist er ein idealer Kandidat für Flyball. Flyball ist ein organisiertes Spiel, bei dem die Hunde über mehrere Hürden springen, eine Ballwurfmaschine mit der Pfote betätigen, den Ball fangen und dann wieder über die Hürden zurücklaufen. Es ist ein schnelles, aufregendes Spiel und zudem eine ausgezeichnete Beschäftigung für Hunde. Flyball wird in vielen Hundeclubs und Hundeschulen angeboten.

Versteck-
spiele

Hunde lieben es, Menschen und Spielzeug aufzustöbern. Sie können dieses Spiel auf verschiedenste Weise abwandeln. Besonders spannend ist es zu beobachten, wie der Hund seine Beute scheinbar ausschließlich mit der Nase aufspürt.

Menschen suchen nach Dingen mit ihren Augen, Hunde hingegen scheinen oft nur langsam Dinge zu finden, die aus menschlicher Sicht offenkundig daliegen. Verstecken Sie jedoch ein Ding außerhalb der Sichtweite eines Menschen und eines Hundes, und in 90 Prozent der Fälle wird der Hund es schneller aufspüren als der Mensch.

SUCHEN UND FINDEN

Wenn es darum geht, eine Person anstatt eines Spielzeugs aufzuspüren, sind selbst junge Welpen begeistert bei der Sache. Mit diesem Spiel können Sie ihrem Hund angewöhnen, stets ein Auge auf Sie zu haben, wenn er unangeleint ist. Es kann von Vorteil sein, wenn ein junger Hund die Erfahrung macht, dass Sie nicht immer da sind, wenn er sich nach Ihnen umblickt. Dadurch lernt er, immer wieder nach Ihnen Ausschau zu halten, wenn er anderweitig beschäftigt ist, und auf Ruf zurückzukommen.

Wenn Ihr Welpe also im Freien unangeleint herumläuft und seine Umgebung erkundet, verstecken Sie sich rasch in der Nähe hinter einem Baum oder Busch. Behalten Sie den Welpen von Ihrem Versteck aus im Auge. Wenn er hochblickt, Ihre Abwesenheit bemerkt und nach Ihnen sucht, pfeifen Sie oder rufen Sie ihn.

Links: **Hunde lieben Versteckspiele. Achten Sie bei Kindern aber darauf, dass sie ihr Gesicht nicht dem Hund hinstrecken, da er das als Drohgebärde auffassen könnte.**

Er wird Sie im Nu finden und sich überschwänglich freuen.

Wenn er älter wird, können Sie sich an immer schwieriger auffindbaren Orten verstecken und während der Suche keinen Laut von sich geben. Loben Sie ihn enthusiastisch, wenn er Sie findet, genauso wie Sie ihn loben würden, wenn er auf »Hier« reagiert – Sie zu entdecken sollte der lustigste Teil des Spiels sein.

Wenn Ihr Hund gern mit Ihnen Verstecken spielt, können Sie das Spiel mit Freunden abändern. Wenn Sie zum Beispiel im Wald sind, soll einer aus der Runde Ihren Hund ablenken, während sich die anderen vor ihm verstecken. Es wird ihm ungeheuren Spaß machen, einen nach dem anderen zu suchen. Auch an Regentagen ist dies eine gute Beschäftigung: Sobald sich die Familienmitglieder überall im Haus versteckt haben, lassen Sie Ihren Hund frei und die Suche kann beginnen. Möchten Sie die Spannung steigern, so können die Spieler Quietschspielzeug mitnehmen und es in ihren Verstecken ertönen lassen. Mit diesem Spiel können Sie Ihrem Hund auch den Befehl »Such!« beibringen. Wenn Sie das Wort genau in dem Moment sagen, in dem Sie ihn freilassen, wird er schon bald den Sinn erfassen.

SCHATZSUCHE

Wenn Ihr Hund gerne nach Dingen sucht, können Sie sein Lieblingsspielzeug unter einer von zwei oder drei Schachteln verstecken, während er nicht im Raum ist. Führen Sie ihn dann herein und fragen Sie ihn »Wo ist dein Spielzeug?«. Wenn er Sie nicht

Oben: **Anstatt Ihrem Hund den ganzen Garten zur freien Verfügung zu überlassen, sollten Sie ihm einen bestimmten Platz zum Buddeln zuweisen.**

gleich versteht, tun Sie so, als ob Sie selbst danach unter den Möbeln, hinter Kissen und in Schränken suchen würden, bevor Sie es mit großem Trara zutage fördern. Wiederholen Sie die Übung ein paar Mal und schon bald wird Ihr Hund begeistert in den Raum stürmen und sich auf Schatzsuche begeben.

Wenn Ihr Hund liebend gerne gräbt, könnten Sie ihm eine eigene Sandkiste zur Verfügung stellen. Hier kann er nicht nur sicher graben (besser als in den Blumenbeeten oder unter dem Zaun), sondern Sie können hier auch Spielzeug und Leckerchen vergraben, die er suchen soll.

Einfaches Agility

Wenn Sie einen besonders klugen Hund haben, der viel körperliche und geistige Beschäftigung braucht – und das kann auf alle Hundegruppen zutreffen –, ist Ihr Hund vielleicht ein geborener Agility-Meister.

Die meisten Hundeliebhaber haben schon irgendwann einmal ein professionelles Hunde-Agility-Turnier im Fernsehen mitverfolgt. In seiner einfachsten Form umfasst »Agility« eine Reihe von Aktivitäten wie über Hürden springen, auf einem Balken balancieren und einen Tunnel durchlaufen. Im professionellen Sport müssen die Hunde den Parcours in vorgegebener Zeit bewältigen, doch Sie können auch einfach einige Elemente in Ihrem Garten errichten. Einige Aufgaben erfordern mehr Geschick als andere, und nicht alle sind für jeden Hund geeignet. Der Vorteil beim Agility zu Hause besteht darin, dass Sie den Parcours so gestalten können, dass er exakt auf die Stärken und Vorlieben Ihres Hundes zugeschnitten ist.

AGILITY-TRAINING

Jeder Hund, der gern lebhaft spielt, hat wahrscheinlich schon die eine oder andere Agility-Übung bravourös gemeistert. Da es sich aber um Hundesport handelt, müssen Sie vor dem Training sicherstellen, dass Ihr Hund fit genug dafür ist und dass die Hürden für ihn nicht zu hoch sind. Einige Hindernisse sind nicht für den Parcours zu Hause geeignet – führen Sie Ihren Hund zum Beispiel nie auf eine Wippe (die, die im Fernsehen zu sehen sind, sind speziell konstruiert und eingestellt). Die meisten Trainer empfehlen, dass Hunde erst ab einem

Links: **»Dogdancing«** zählt zu den neuesten Hundesportarten. Wenn Sie und Ihr Hund Gefallen an Agility finden und nach Abwechslung suchen, ist dies eine Option.

Jahr Agility probieren sollten, da die wachsenden Knochen und Muskeln Schaden nehmen könnten.

Wenn Sie Ihren eigenen Parcours errichten wollen und genügend Platz für vier bis fünf Hindernisse haben, stellen Sie sie in einem kleinen Kreis im Garten auf. Wenn Sie nicht genug Platz haben, fragen Sie einen Freund, ob Sie seinen Garten benutzen können oder trommeln Sie ein paar Spielgefährten Ihres Hundes zusammen und bringen Sie Ihre Geräte in einen Park, wo sie gemeinsam trainieren können.

Der erste Agility-Parcours kann zwei bis drei Hürden, ein paar Slalomstangen, eine Haltezone oder einen niedrigen Tisch, wo der Hund kurze Zeit warten muss, einen Tunnel und vielleicht einen niedrigen Balancierbalken umfassen. Stellen Sie sie in etwas Abstand voneinander auf und führen Sie dann Ihren Hund über die Strecke. Er soll ein paar Sprünge probieren, sich durch die Slalomstangen winden, den Tunnel durchlaufen, am Tisch oder in der Haltezone warten, den Balken entlang balancieren und das Ganze mit einem Zielsprung abschließen. Wenn Sie den Parcours ein paar Mal absolviert haben – und den Hund an schwierigen Stellen ausgiebig angefeuert und mit Leckerchen belohnt haben – und Ihr Hund die Idee begriffen hat, laufen Sie die Strecke mit ihm.

Wenn das gut klappt, können Sie die Zeit stoppen oder andere Hunde zum Wettkampf einladen.

Wenn er Gefallen am Agility findet, können Sie überlegen, ihn auf einem anspruchsvolleren Parcours laufen zu lassen (siehe Seiten 146–147).

Oben: **Agility bietet vielen Hunden körperliche und geistige Beschäftigung.**

CHECKLISTE
Improvisierte Geräte für Garten-Agility

- 🐾 **HÜRDEN.** Sie sollten zunächst nicht höher als zehn Zentimeter sein. Mit der Zeit können Sie die Höhe steigern, aber nie höher als auf Schulterhöhe des Hundes. Legen Sie ein Stück Rundholz oder Plastikrohr, das bei leichter Berührung hinabfällt, über zwei Kegel oder Kisten.
- 🐾 **SLALOMSTANGEN** lassen sich durch kleine Plastikkegel ersetzen, die im Spielwarenhandel erhältlich sind.
- 🐾 **STOFFTUNNEL.** Ein Tunnel aus leichtem Kunststoff mit einem stabilen Reifen am Eingang, der auch im Spielwarenhandel erhältlich ist.
- 🐾 **TISCH.** Ein kleiner, niedriger Tisch fürs Freie oder auch ein niedriges Brett.

Professionelles Agility

Agility zählt zu den beliebtesten Sportarten für Hunde. Viele regionale Clubs betreiben einen professionellen Agility-Parcours und organisieren Wettkämpfe. Die talentiertesten Hunde treten mitunter sogar zu nationalen Wettkämpfen an.

Beim Agility zeigt sich nicht nur das Geschick des Hundes, den Parcours fehlerfrei in einer bestimmten Zeit zu absolvieren, sondern auch, wie gut der Hund und sein Führer eingespielt sind.

EIN NATURTALENT?

Wenn Ihr Hund über eine schnelle Auffassungsgabe verfügt und gern vor anderen Leuten auftritt, dann sollten Sie nach einem professionellen Agility-Parcours in Ihrer Umgebung

Ausschau halten, auf dem Sie mit Ihrem Hund trainieren können. Die Größe spielt keine Rolle: Die Hunde werden bei Wettkämpfen gemessen und in eine der drei Größenklassen – small, medium oder large – eingeteilt. Die Hindernisse werden dann an die entsprechenden Maße angepasst.

Die meisten Clubs lassen Hunde erst ab 18 Monaten zu. In vielen gibt es spezielle Senioren-Kurse, damit Ihr Hund auch im Alter gegen gleichaltrige Artgenossen antreten kann.

DER PARCOURS

Wenn Sie Agility professionell betreiben möchten, ist Präzision beim Absolvieren des Parcours sehr wichtig. So müssen zum Beispiel markierte Stellen an A-Wand, Wippe und Laufsteg mit der Pfote berührt werden. Ihr Hund wird lernen müssen, die Hürden nicht nur möglichst schnell, sondern auch korrekt zu bewältigen. Da die Hunde ihren Weg durch den

Links: **Agility erfordert vom Hund Fitness und Intelligenz – die Hunde, die an Wettkämpfen teilnehmen, lieben zumeist den Lärm und die Aufmerksamkeit.**

CHECKLISTE
Hindernisse beim Agility

Die Hindernisstrecken variieren ebenso wie die Anzahl der Hindernisse. Ein professioneller Parcours beinhaltet jedoch meist folgende Geräte:

- **HÜRDEN.** Verschiedene Arten einschließlich gewöhnlicher Hürden, einer aufsteigenden Doppelhürde, einer Besenhürde, einer geschlossenen Mauer, einer Mauer mit Bögen (Viadukt), eines hängenden Rings oder Reifens sowie einer Reihe von Elementen, die der Hund mit einem Satz überspringen muss (Weitsprung).

- **TISCH UND HALTEZONE.** Vom Hund wird verlangt, eine bestimmte Zeit am Tisch oder in der Haltezone zu verweilen.

- **TUNNEL.** Es gibt Stofftunnel mit einem stabilen Ring als Öffnung oder feste Tunnel, die durchgängig stabil sind.

- **SLALOMSTANGEN.** Eine Reihe von Stangen, die in regelmäßigen Abständen im Boden verankert sind und durch die sich der Hund winden muss.

- **A-WAND.** Zwei schiefe Elemente, die die Form eines »A« bilden und über die der Hund klettern muss. Seine Pfoten müssen dabei am unteren Teil beider Elemente bestimmte Flächen berühren, er kann also nicht einfach von oben wegspringen.

- **WIPPE.** Sie muss vor dem Wettbewerb ordentlich mittels Ausgleichsgewichten eingestellt werden. Der Hund muss oben eine Pause machen, bevor er die andere Seite hinabgeht.

- **DOGWALK.** Ein Balancierbalken mit Rampen an den Enden.

Agility-Parcours finden müssen, macht das Agility-Training die meisten müde. Wenn Sie einen Hund haben, der scheinbar nie müde wird, könnte Agility genau das Richtige für ihn sein.

Links: **Nicht alle Hunde, selbst clevere, eignen sich für Agility-Wettkämpfe. Manchen sind der Lärm und die Aufmerksamkeit zu viel. Selbst wenn Ihr Hund ein Naturtalent ist, zwingen Sie ihn nicht, wenn er keinen Spaß daran hat.**

Probleme beim Spielen

Abgesehen davon, dass Ihnen beim Spielen mit Ihrem Hund schneller die Puste ausgeht als ihm, können andere Probleme auftreten. Reagieren Sie ruhig und entschlossen. Ihr Hund möchte, dass Sie mit ihm weiterspielen, also geben Sie den Ton an.

Wenn Ihr Hund stark auf Reize reagiert, kann es vorkommen, dass er beim Spiel übers Ziel hinausschießt. Oder er ist zu besitzergreifend im Hinblick auf sein Spielzeug und beginnt damit, es übertrieben zu verteidigen, anstatt es Ihnen freiwillig zu überlassen. Manche Hunde wiederum sind beim Spiel mit Menschen völlig ruhig, gehen aber beim Herumtollen mit anderen Hunden zu weit, sodass aus einem friedlichen Spiel bald Ernst wird.

Unten: **Einem allzu besitzergreifenden Hund fällt es mitunter leichter, sein Spielzeug zu »tauschen«, als es freiwillig abzugeben.**

CHECKLISTE
Spielregeln

- Räumen Sie Spielzeug, mit dem er allein nicht spielt, zwischen den Spieleinheiten weg.
- Wenn es zu wild wird, befehlen Sie ihm zu sitzen und warten Sie. Wenn er sich noch immer nicht beruhigt hat, beenden Sie einfach das Spiel und gehen Sie weg.
- Mit hoher Stimme bringen Sie mehr Schwung ins Spiel, mit tiefer sorgen Sie für Ruhe.
- Vermeiden Sie, dass Ihr Hund zu sehr auf ein Spielzeug fixiert ist. Stellen Sie ihm eine Auswahl zur Verfügung und sorgen Sie für Abwechslung beim Spiel.
- Trennen Sie nicht zwischen Training und Spiel. Ihr Hund lernt am schnellsten, wenn Sie kurze Trainingseinheiten mit Spielen verbinden.

Oben: **Manchen Hunden fällt es leichter, sich zu konzentrieren, als anderen. Übungen wie »Hol« fördern die Konzentration.**

REGELN

Viele Hunde haben beim Spielen so großen Spaß, dass sie gern übers Ziel hinausschießen. Beachten Sie beim Spiel mit Ihrem Hund bestimmte Regeln (siehe links). Beobachten Sie auch, wie er mit anderen Hunden spielt, um die Warnsignale erkennen zu können, die Ihnen sagen, dass es nun zu weit geht – ob er nun eine Pfote über den Rücken des Spielgefährten hebt oder seine Haltung etwas steif wird.

Hält Ihr Hund die Spielregeln nicht ein, lenken Sie seine Aufmerksamkeit um. Wenn er mit Ihnen spielt, legen Sie eine Pause ein. Wenn er sich gegenüber einem anderen Hund schlecht benimmt, rufen Sie beide Tiere zu sich und zeigen Sie ihnen, dass Sie das Sagen haben. Sorgen Sie dann dafür, dass das Spiel in geregelteren Bahnen verläuft.

FALLBEISPIEL
**Obsessives
Spiel**

Karin verwendete einen Ballwerfer, damit ihr vierjähriger Border Collie Lady beim Spaziergang genügend Bewegung bekam. Mit der Zeit wurde Lady immer besessener von dem Ball und akzeptierte kein anderes Spielzeug mehr. Sie wollte nicht einmal mehr spazieren gehen, wenn Karin nicht ständig den Ball warf, und winselte wie verrückt, sobald Karin ihn wegräumen wollte. Daher suchte Karin Rat bei einem Trainer.

Der Trainer meinte, dass Ladys Ballspiel strikten Regeln unterliegen müsse. Er riet Karin, keine Bälle im Haus herumliegen zu lassen oder Lady welche zu geben, es sei denn, als Belohnung für andere Aktivitäten. Karin sollte beim täglichen Spaziergang fünf Minuten Ball werfen, aber ansonsten anderes Spielzeug bereit legen, um Ladys Aufmerksamkeit abzulenken.

Der Plan des Trainers ging schließlich nach einigen Monaten auf. Karin wurde empfohlen, das Spiel möglichst abwechslungsreich zu gestalten, damit sich Ladys Besessenheit nicht auf ein anderes Lieblingsspielzeug richtete.

Tricks für ein Publikum

Vielen Hunden macht es großen Spaß, Zuschauern Kunststücke vorzuführen. Wenn Ihr Hund gern im Rampenlicht steht, sollten Sie seine Energien auf ein, zwei Tricks lenken, bevor er auf dumme Ideen kommt, um Aufmerksamkeit zu erregen.

TOTER HUND

Das Erlernen dieses Tricks erfordert einige Zeit, doch kaum körperliche Anstrengung – selbst wenn Ihr Hund korpulent, steif oder etwas älter ist. Der Hund soll dazu gebracht werden, völlig regungslos auf der Seite zu liegen. Zunächst muss er aber lernen, eine Rolle zu machen, und diese perfekt beherrschen.

Befehlen Sie ihm dazu »Platz«. Sobald er liegt, nehmen Sie ein Leckerchen und führen Sie es zur Seite seines Kopfes, sodass er nach oben blickt, und dann die andere Seite hinab. Während er die Nase dreht, um dem Leckerchen zu folgen, sollte auch sein Körper folgen und eine Rolle machen. Mitunter braucht es etwas Übung, obwohl die Rolle zum natürlichen Repertoire eines Hundes gehört. Sobald er diesen Trick gelernt hat, wird er ihn liebend gern vollführen. Belohnen Sie ihn nur, wenn er eine Rolle macht.

Üben Sie die Rolle ein bis zwei Wochen, bevor Sie mit »Toter Hund« beginnen. Befehlen Sie ihm, eine Rolle zu machen, und geben Sie ihm genau auf halbem Weg, wenn er auf der Seite liegt, ein Leckerchen. Wenn er innehält, sagen Sie »Toter Hund«. Üben Sie das mehrmals, und belohnen Sie ihn genau in dem Moment, in dem er innehält. Nach einer Weile, wenn er den Trick beherrscht, sollten Sie das Leckerchen weglassen und geradewegs zu »Toter Hund« übergehen können.

Unten: **Die Herausforderung bei »Toter Hund« besteht darin, den Hund daran zu hindern, sich ganz auf den Rücken zu drehen – er sollte auf der Seite liegen.**

HOL DAS TELEFON!

Hunde, die gern apportieren, lernen meist mühelos, Gegenstände wie Telefon oder Fernbedienung zu holen. Diese Tricks sind auch immer für eine nette Showeinlage vor Gästen gut.

Am besten verwenden Sie dazu einen Clicker (siehe Seiten 136–137), damit Sie den exakten Zeitpunkt erwischen, in dem Ihr Hund dann den Trick richtig macht. Legen Sie ein Spielzeug, das Ihr Hund regelmäßig holt, neben das Telefon auf den Boden (das Telefon sollte in einer Hülle sein, damit es Ihr Hund leichter aufheben kann und es nicht vollgesabbert wird).

Sagen Sie nun »Hol den Ball!«. Der Hund wird wohl das Spielzeug aufheben. Klicken Sie in dem Moment. Wenn er seinen Ball mehrmals erkannt hat, sagen Sie »Hol das Telefon«. Ein Hund mit schneller Auffassungsgabe wird verstehen, dass es das einzige Ding ist, das sonst noch da ist. Wenn er es aber nach mehreren Versuchen noch immer nicht aufhebt, knien Sie nieder und stecken Sie es ihm leicht ins Maul, während Sie das Kommando geben. Klicken Sie dann, sobald er es hält. Üben Sie täglich, bis er jedes Mal sowohl Ball als auch

Oben: »Hol das Telefon« versetzt nicht nur Gäste in Erstaunen, sondern bewährt sich auch im Alltag.

Telefon erkennt. Entfernen Sie sich dann ein wenig, bevor Sie das Kommando geben, und er wird das Telefon aufheben und Ihnen bringen. Sobald er diese Tricks perfekt beherrscht, ist es Zeit für den großen Auftritt vor Freunden. Genießen Sie den Applaus.

URINSTINKT **Augen und Ohren**

Hunde neigen eher dazu, auf das zu reagieren, was sie sehen, als auf das, was sie hören. Vergessen Sie nicht, dass Worte an sich für sie keine Bedeutung haben. Wenn Sie Ihrem Hund also Tricks beibringen, muss Ihre Körpersprache mit dem Gesagten übereinstimmen. Wenn die Kommandos von Handsignalen begleitet werden, achten Sie darauf, dass diese eindeutig und voneinander unterscheidbar sind. Wenn Ihr Körper etwas anderes sagt als Ihr Kommando, können Sie nicht erwarten, dass Ihr Hund weiß, welchem Befehl er folgen soll.

Ein gesunder Hund

Richtige Ernährung, regelmäßiges Spielen und Bewegung sind die Grundlage für die Gesundheit jedes Hundes, aber das ist noch nicht alles. Im folgenden Kapitel erfahren Sie, was Sie sonst noch über Hunde wissen sollten, angefangen vom richtigen Umgang mit Parasiten und der sicheren Krallenpflege bis hin zur Wahl einer Versicherung und täglichen Gesundheitschecks. Beschrieben werden die tägliche Pflege zu Hause sowie Untersuchungen vom Tierarzt und alternative Heilmethoden, die heute auch für Hunde angeboten werden.

Als Übersicht über das Wohlbefinden von Hunden vom Welpenalter bis ins hohe Alter gibt dieses letzte Kapitel auch Tipps, wie Sie sich am besten bei Unfällen und gesundheitlichen Beschwerden Ihres Hundes verhalten. Ebenso wird auf die Pflege von sehr alten bzw. kranken Hunden eingegangen, auf die Frage, wann es Zeit ist, Abschied zu nehmen, den Trauerprozess, den jeder Hundebesitzer nach dem Tod seines Lieblings durchlebt, und das Weiterleben nach dem Verlust.

Grund-
lagen

Wenn Sie schon einmal einen Hund hatten, gehen Sie mit dem Thema Gesundheit wahrscheinlich entspannt um. Wenn Sie aber zum ersten Mal stolzer Hundebesitzer sind, machen Sie sich womöglich mehr Gedanken um seine Gesundheit als nötig.

BEOBACHTEN SIE IHREN HUND

Es mag selbstverständlich klingen, aber Hunde sind so individuell wie Menschen und was für den einen richtig und normal ist, muss für den anderen nicht unbedingt gelten. Wenn Sie noch nicht mit der Haltung eines Hundes vertraut sind, haben Sie möglicherweise Fragen zu ganz grundlegenden Dingen: Wie viel Wasser sollte ein Hund täglich trinken oder wie müde sollte er nach einem langen Spaziergang sein? Die Antwort hängt natürlich vom Hund ab. Sie finden erst heraus, was richtig für Ihren Hund ist, wenn Sie ihn eine Zeit lang beobachten und sehen, was für ihn individuell am besten ist.

Selbst Züchter mit jahrelanger Erfahrung sind immer wieder überrascht, wie sehr sich Hunde voneinander unterscheiden, was ihre Konstitution und Bedürfnisse, aber auch ihr Verhalten anbelangt. Lernen Sie, sich in Ihren Hund hineinzufühlen, und Sie werden als Erster erkennen, wenn etwas nicht stimmt. Lethargie ist ein allgemeines Zeichen, dass etwas im Argen liegt. Plötzliche Verhaltensänderungen können darauf hinweisen, dass physisch etwas nicht stimmt. Wenn Rex, der immer so umgänglich war, plötzlich knurrt, sobald Sie seine Pfoten bürsten wollen, ist es eher unwahrscheinlich, dass er über Nacht Aggressionen entwickelt hat – wahrscheinlich stimmt etwas nicht mit seinen Pfoten.

Links: **Feuchte Nase? Glänzendes Fell? Strahlende lebendige Augen? Wenn Ihr Hund gesund aussieht, ist er es vermutlich auch.**

WANN ZUM TIERARZT?

Die Kosten für Tierarztbesuche lassen manche Hundebesitzer davor zurückschrecken, außer in Notfällen einen Tierarzt aufzusuchen. Es ist sicher nicht nötig, wegen jeder Kleinigkeit einen Arzt zu Rate zu ziehen, aber offensichtliche Probleme sollten nicht zu lange übergangen werden. Wenn ein Hund ein oder zwei Mal erbricht, lassen Sie eine Mahlzeit aus und versuchen Sie es noch einmal. Wenn das Erbrechen andauert und er Durchfall hat, könnte er innerhalb weniger Tage ganz schwach und dehydriert sein, wenn er nicht fachmännisch behandelt wird.

Welpen oder ältere Hunde können besonders schnell erkranken und mit der richtigen Behandlung ebenso rasch wieder gesund werden. Konsultieren Sie also innerhalb von 24 Stunden einen Tierarzt, wenn Ihr Tier offensichtliche Beschwerden hat.

URINSTINKT **Verkriechen**

Ist ein Hund verletzt oder krank, wird er sich so wie ein Tier in der Wildnis verkriechen. Das heißt, dass er seinen Platz nicht verlassen will oder sich hinter oder unter einem Möbelstück versteckt, wo es ruhig und dunkel ist. Dieses Verhalten ist reiner Instinkt: Wildtiere verstecken sich, wenn sie krank sind, damit sie keine leichte Beute für ihre Feinde sind. Wenn sich Ihr Hund in einer Ecke verkriecht, versuchen Sie nicht, ihn hervorzuholen, denn er könnte Sie beißen. Locken Sie ihn geduldig hervor und begutachten Sie ihn, um zu sehen, ob ein offensichtliches Problem vorliegt. Wenn das nicht der Fall ist, er aber trübselig wirkt, polstern Sie seinen Platz besser aus, sodass er sich dort ein Nest bauen kann (kranke Hunde wollen sich oft einwühlen, um sich sicherer zu fühlen). Wenn er sich nach 24 Stunden immer noch versteckt, bringen Sie ihn zum Tierarzt.

Die Wahl des Tierarztes

Im dritten Kapitel (siehe Seiten 92–93) wurde kurz auf die Bedeutung des richtigen Tierarztes eingegangen. Wenn Ihr Hund älter wird, wird es zunehmend wichtiger, dass Sie einen verständnisvollen Tierarzt an Ihrer Seite haben.

Bei einem jungen, gesunden Hund wird ein Tierarztbesuch kaum öfter als ein Mal pro Jahr nötig sein. Wenn Ihr Hund älter wird, treten unweigerlich gesundheitliche Beschwerden auf, die mehr Arztbesuche erfordern.

Tierärzte sind teuer, nehmen Sie sich daher Zeit bei der Wahl und bedenken Sie, dass Sie als Kunde ausgiebig Fragen stellen dürfen, bevor Sie sich für eine Behandlung entscheiden. Idealerweise wurde Ihnen ein Arzt von Freunden, Bekannten, Züchtern etc. empfohlen, vergessen Sie jedoch nicht, dass das, was für andere gut ist, nicht

unbedingt für Sie passen muss. Halten Sie also auch selbst die Augen offen und fragen Sie, ob Sie sich die Praxis ansehen können.

Gute Tierärzte haben einen guten Draht zu Hunden und das nötige medizinische Fachwissen. Beobachten Sie, wie der Tierarzt mit Ihrem Hund umgeht: Ein guter Arzt geht sanft und zuversichtlich vor und kann ängstliche oder nervöse Hunde beruhigen.

Wenn Sie an Komplementärmedizin oder alternativen Behandlungen interessiert sind, fragen Sie den Tierarzt nach seiner Meinung. Praxen, die ausschließlich Komplementärmedizin anbieten, sind noch selten. Die meisten Praxen werden Sie auf Wunsch an Komplementärtherapeuten überweisen (viele arbeiten mit externen Veterinärosteopathen, Homöopathen und anderen holistischen Heilpraktikern zusammen, an die sie Sie bei bestimmten Beschwerden überweisen werden).

Links: Wie beim Menschen werden beim Hund Arztbesuche mit zunehmendem Alter häufiger. Wenn Ihr Hund älter wird, ist das Vertrauen zu Ihrem Tierarzt noch wichtiger.

CHECKLISTE
Worauf Sie beim Tierarzt achten sollten

🐾 Das Wartezimmer und alle sonstigen Bereiche sollten sauber, aufgeräumt und in gutem Zustand sein.

🐾 Mitarbeiter an der Rezeption und der Tierarzt sollten freundlich und umgänglich sein und der Tierarzt sollte sämtliche Fragen beantworten können.

🐾 Wie viele Tierärzte sind in der Praxis tätig? Wer würde Ihren Tierarzt vertreten?

🐾 Wie sind die Praxiszeiten? Bekommen Sie immer am selben Tag, an dem Sie anrufen, einen Termin?

🐾 Welche Bedingungen gelten für Notfälle und anstehende Operationen?

🐾 Wer hat in der Nacht Bereitschaftsdienst in der Praxis? Stellen Sie sicher, dass in Notfällen die Praxis auch in der Nacht besetzt ist, idealerweise von einem Tierpfleger oder einem Tierarzt.

Oben: **Ein guter Tierarzt sollte ein gutes Verhältnis zu Ihrem Hund aufbauen und mit einem ängstlichen Tier vorsichtig umgehen können.**

TIERVERSICHERUNG

Die Wahl einer Tierversicherung gleicht einem Lotteriespiel. Wenn Sie sich einen älteren Hund zulegen oder einen mit bekannten Gesundheitsbeschwerden, kann es sein, dass die Prämien übermäßig hoch sind oder die Police die Deckung seiner weiteren Behandlung ausschließt. Bei einem jungen, gesunden Hund hingegen sollte eine Police, die die meisten Ausgaben deckt, bezahlbar sein. Es ist beruhigend zu wissen, dass die Kosten im Falle einer Notoperation oder eines Unfalls gedeckt sind. Wägen Sie die Vor- und Nachteile verschiedener Policen mit Ihrem Tierarzt ab und fragen Sie nach den Kosten für bestimmte Eventualitäten, etwa eine Operation, bevor Sie sich für eine Vollversicherung entscheiden.

Gesundheit von Welpen

Wenn Sie einen Welpen oder neuen Hund zum ersten Mal zum Tierarzt bringen, stellen sich zwei wichtige Fragen (siehe auch Seiten 92–93): nach den Impfungen und nach der Kastration, sofern diese noch nicht durchgeführt wurden.

IMPFUNG

Die ersten Impfungen werden erst im Alter von etwa viereinhalb Monaten vorgenommen. Der Grund dafür ist, dass Ihr Welpe bereits mit einem gewissen Immunschutz geboren wird, der durch die Aufnahme von Kolostrum, der Erstmilch der Mutter, in den ersten Lebenstagen gestärkt wird. Solange dieser Immunschutz wirkt, kann ein anderer Schutz nicht komplett »greifen«, daher sind mehrere Spritzen nötig, um sicherzustellen, dass Ihr Welpe vollständig geschützt ist, wenn sein natürlicher Immunschutz langsam nachlässt.

Viele Krankheiten, vor denen die Impfungen schützen sollen, wie etwa Parvovirus, Hepatitis und Staupe, können für Welpen und manchmal auch ältere Hunde tödlich sein. Leptospirose, Borreliose und Parainfluenza (Erreger von Zwingerhusten) sind weitere Krankheiten, gegen die eine Impfung möglich ist. Die Notwendigkeit einer Tollwutimpfung hängt von den Lebensumständen des Hundes ab. Sie ist in Deutschland, Österreich und der Schweiz nicht verpflichtend, allerdings müssen einreisende Hunde geimpft sein. Die meisten Tierärzte verabreichen Kombinationsspritzen – einzelne Spritzen, die die nötigen Impfstoffe in Kombination verabreichen.

Während Experten sich einig sind, dass Impfungen für den Aufbau des Immunschutzes notwendig sind, wird immer mehr diskutiert, ob Hunde heute noch jährliche Auffrischungen und so viele Kombinationsspritzen wie früher benötigen. Viele sagen, dass Auffrischungen alle zwei oder drei Jahre ausreichen, um den Immunschutz zu bewahren. Andere wiederum sind der Meinung, dass weniger Kombinationsspritzen verabreicht werden sollten, und argumentieren, dass diese selbst die Gesundheit angreifen und mehr Nebenwirkungen haben und dass Einzelimpfungen besser seien. Diese Einwände konnten bisher weder gestützt noch widerlegt werden, fragen Sie also Ihren Tierarzt um Rat und nach üblichen Impfplänen.

Rechts: **Welpen sind besonders anfällig für bestimmte Krankheiten, daher ist es wichtig, Impfpläne genau einzuhalten.**

KASTRATION

Durch Kastration wird Ihr Tier unfruchtbar gemacht. Bei der Kastration des Rüden werden seine Hoden entfernt. Eine Hündin zu kastrieren ist eine größere Operation, bei der die Eierstöcke und der Uterus entfernt werden. Um beide Eingriffe ranken sich viele Geschichten und Mythen.

Die gängige Meinung lautet, dass man seinen Hund relativ früh kastrieren lassen sollte, wenn man nicht vorhat, Hunde zu züchten. Früher glaubte man, dass eine Hündin vor der Kastration zumindest einmal läufig werden oder einmal werfen sollte. Heute schlagen die meisten Tierärzte ein Alter von sechs Monaten als optimalen Zeitpunkt für die Kastration vor.

Meist muss der Hund eine Nacht beim Tierarzt verbringen. Bei männlichen Tieren schreitet die Heilung schneller voran, Hündinnen benötigen eventuell eine Woche Ruhe.

Unfälle und Notfälle

Natürlich sollte man Unfälle und Notfälle weitestgehend zu verhindern versuchen, aber nicht immer ist das möglich. Hier erfahren Sie mehr über Unfallvermeidung und Erste-Hilfe-Tipps, damit Sie für den Ernstfall gerüstet sind.

Zur Sicherheit Ihres Hundes können Sie viel beitragen und sich dadurch viele Sorgen ersparen. Einige Ratschläge scheinen selbstverständlich zu sein, aber Sie wären überrascht zu erfahren, wie oft Fehler passieren und Hunde verloren gehen, verletzt werden oder beides. Auch wenn Sie ein aufmerksamer Besitzer sind, sollten Sie sich die Checkliste genau durchlesen.

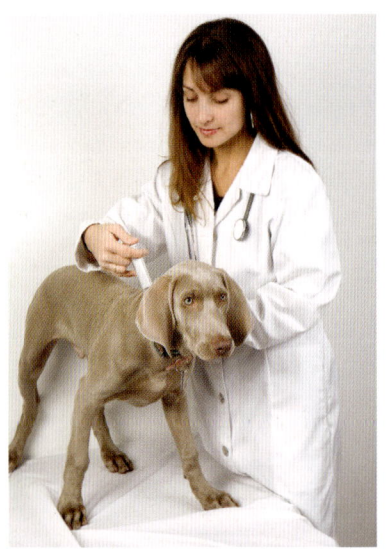

MIKROCHIPS

Wenn Ihrem Hund ein Mikrochip implantiert wurde, erhöhen sich die Chancen, dass Sie ihn wiederbekommen, wenn er sich verirrt. Die meisten Tierärzte und viele Tierheime bieten diesen Service sehr kostengünstig an.

Der Vorgang ist einfach: Ein winziger Elektrochip (kleiner als ein Reiskorn) wird unter die Haut zwischen den Schulterblättern am Rücken des Hundes implantiert. Der Chip hat eine Nummer, die in einer nationalen Datenbank registriert ist. Sollte das Tier jemals verloren gehen, kann der Chip mit einem Scanner gelesen und zu Ihnen zurückgebracht werden.

UNFALLURSACHEN

Die häufigsten Notfälle bei Hunden sind Unfälle mit Autos, Vergiftungen, Verbrennungen, Magendrehungen und Hitzschlag. Ein Schock kann alleine oder in Verbindung mit obigen Vorfällen auftreten.

Links: **Die Implantation eines Mikrochips ist schnell, einfach und schmerzlos. Sie sollten sie in Erwägung ziehen, wenn Ihr Hund oft frei herumläuft.**

Eine Herz-Lungen-Wiederbelebung (HLW) kann auch an Hunden vorgenommen werden, aber nur wenn Sie genau wissen, wie es geht. Ansonsten sollten Sie den Hund so schnell wie möglich professionell behandeln lassen. Wenn Sie Erfahrung mit HLW haben, binden Sie etwas um die Schnauze des Hundes, sodass sein Maul geschlossen bleibt und er nur durch die Nase atmet. Beim Hund wird nicht wie beim Menschen eine Mund-zu-Mund Beatmung durchgeführt.

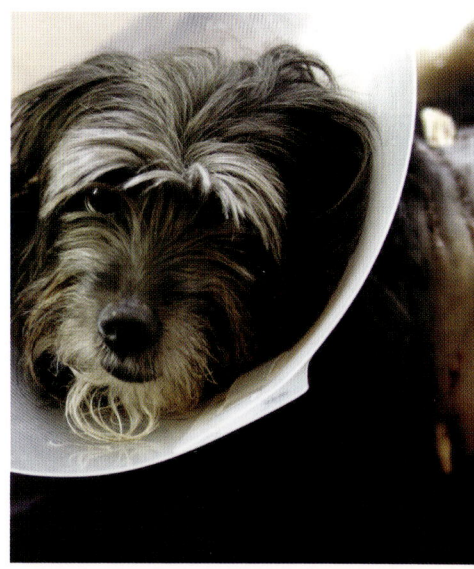

Rechts: **Die Heilung kann dauern. Wenn ein Hund schwere Verletzungen hat, muss er unter Umständen einen Trichter (Halskrause) aus Plastik tragen, damit er die Wunden in Ruhe lässt.**

CHECKLISTE
Sicherheitsvorkehrungen

🐾 Prüfen Sie die Leine und das Halsband des Hundes alle paar Wochen, um sicherzustellen, dass sie nicht schon abgenutzt sind und daher reißen könnten.

🐾 Binden Sie Ihren Hund nicht einfach vor einem Geschäft an, wenn Sie Besorgungen machen. Jeder Hund kann gestohlen werden, selbst wenn Sie meinen, dass Sie ihn ohnehin im Augenwinkel haben.

🐾 Prägen Sie Ihrem Hund ein, dass er beim Öffnen der Autotür so lange im Auto bleibt, bis Sie ihm erlauben, auszusteigen. Oft entstehen Unfälle, wenn ein Hund blindlings aus dem Auto auf die Fahrbahn springt.

🐾 Wenn Sie eine Vordertür oder ein Tor haben, das direkt zur Straße hin öffnet, bringen Sie Ihrem Hund bei, dass er Ihnen den Vortritt lässt und nicht nach draußen stürmt.

🐾 Speichern Sie die Nummer Ihres Tierarztes auf Ihrem Handy. Wenn Sie Ihren Hund bei anderen lassen, geben Sie ihnen nicht nur Name und Adresse des Tierarztes, sondern auch eine Wegbeschreibung für Notfälle.

🐾 Bewahren Sie einen Erste-Hilfe-Kasten in Ihrem Haus und Auto auf. Sie können auch einen Kasten eigens für Hunde besorgen, dieser enthält im Prinzip dieselben Utensilien wie ein herkömmlicher Verbandskasten.

CHECKLISTE
Nach einem Unfall

- Handeln Sie rasch.
- Ist der Hund bei Bewusstsein, improvisieren Sie einen Beißkorb. Durch die Schmerzen und Verwirrung könnte er beißen. Sie können etwas Stoff lose um sein Maul, unter sein Kinn und hinter seine Ohren schlingen. Wenn er würgt, bitten Sie jemanden, seinen Kiefer zu halten, während Sie schnell seine Mundhöhle ausräumen. Ziehen Sie seine Zunge heraus, damit er sie nicht verschluckt, bevor Sie den improvisierten Beißkorb anbringen.
- Wenn Ihr Hund stark blutet, machen Sie eine Kompresse aus einem T-Shirt oder Hemd und halten Sie sie mit festem, gleichmäßigem Druck auf die Wunde.

- Rufen Sie den Notruf des Tierarztes, um sich anzukündigen. Wenn der Tierarzt ans Telefon kommen kann, sagen Sie ihm, was passiert ist, damit er bei Ihrer Ankunft so rasch wie möglich mit der Behandlung beginnen kann.
- Heben Sie den Hund auf den Rücksitz des Autos, aber bewegen Sie ihn so wenig wie nötig. Wenn möglich, legen Sie ihn zuerst auf eine flache Unterfläche wie ein großes Brett. Wenn er offensichtliche Brüche oder Verletzungen hat, halten Sie diesen Teil so ruhig wie möglich.
- Im Idealfall sitzt eine Begleitperson neben dem Hund und kümmert sich während der Fahrt zum Tierarzt um ihn.

VERGIFTUNG

Zu den Symptomen einer Vergiftung zählen starkes Erbrechen, Durchfall und geweitete Pupillen. Wenn Sie nicht sicher sind, um welches Gift es sich handelt, sollten Sie den Hund nicht selbst behandeln. Ätzendes Gift zum Beispiel sollte nicht erbrochen werden, da dadurch noch mehr Schaden angerichtet werden kann. Andere Substanzen müssen möglichst rasch aus dem Körper entfernt werden – meist durch Erbrechen.

Wenn Sie das Gift nicht kennen, konsultieren Sie Ihren Tierarzt und fragen Sie, was Sie tun können. Meist müssen Sie aber das Tier so schnell wie möglich in die Praxis bringen.

SCHOCK

Ein Schock kann verschiedene Ursachen haben, wie ein Trauma oder eine Vergiftung. Der Grund ist eine Störung des Blutkreislaufs. Wenn das Blut nicht zu den Organen vordringen kann, hören sie auf zu arbeiten.

Zu den Symptomen zählen ein trockenes Maul und trockene Lippen, blasses Zahnfleisch, kalte Pfoten und eine kalte Schnauze, Erschöpfung und schneller Herzschlag. Ihr Hund wirkt möglicherweise verwirrt und ängstlich und kann sogar ohnmächtig werden.

Beruhigen Sie Ihren Hund, sprechen Sie ihm Mut zu und bringen Sie ihn so schnell wie möglich zum Tierarzt.

VERBRENNUNG, HERZINFARKT

Kühlen Sie leichte Verbrennungen mit Wasser (kalt, nicht eiskalt) und tragen Sie eine Brandsalbe auf. Bei einer schwereren Verbrennung muss das Tier zum Tierarzt. Legen Sie nichts direkt auf die Wunde. Sie können die Stelle mit nicht zu kaltem Wasser beträufeln. Schützen Sie die Stelle während der Fahrt mit einem sauberen Tuch, es darf aber nicht die Haut berühren.

Hunde sind anfällig für Herzinfarkte, weil sie nicht über die Haut schwitzen können. Zu den Symptomen zählen Hecheln, dickflüssiger Speichelfluss und tiefrotes Zahnfleisch. Bringen Sie Ihren Hund sofort an einen kühlen Ort. Geben Sie ihm kühles Wasser und wickeln Sie kühle Tücher um Kopf und Beine. Verwenden Sie kühles, nicht kaltes Wasser, denn zu rasches Abkühlen kann die Adern verengen und den Zustand verschlimmern. Lassen Sie ihn vom Tierarzt untersuchen, auch wenn es ihm schon besser zu gehen scheint.

MAGENDREHUNG

Eine Magendrehung muss professionell diagnostiziert und behandelt werden, da sie tödlich sein kann. Sie entsteht, wenn sich der Magen mit Luft füllt (meist nach einer größeren Mahlzeit) und um sich selbst wickelt. Das führt schnell zu Komplikationen, da der Blutfluss zum Herzen behindert wird und der Hund einen Schock erleiden kann. Ein Hund mit einer Magendrehung kann nicht zu Hause behandelt werden, sondern muss umgehend zum Tierarzt.

Wenn Sie eine anfällige Rasse besitzen (große Hunde mit tiefem Brustkorb wie Dobermänner oder Deutsche Schäferhunde sind besonders anfällig), wird Sie Ihr Tierarzt möglicherweise bereits darauf aufmerksam gemacht haben. Anfällige Hunde sollten Bewegung unmittelbar nach einer Mahlzeit vermeiden.

Unten: **Wenn ein Hund rasch vom Tierarzt behandelt wird, kann er sich auch von sehr kritischen Zuständen überraschend schnell erholen.**

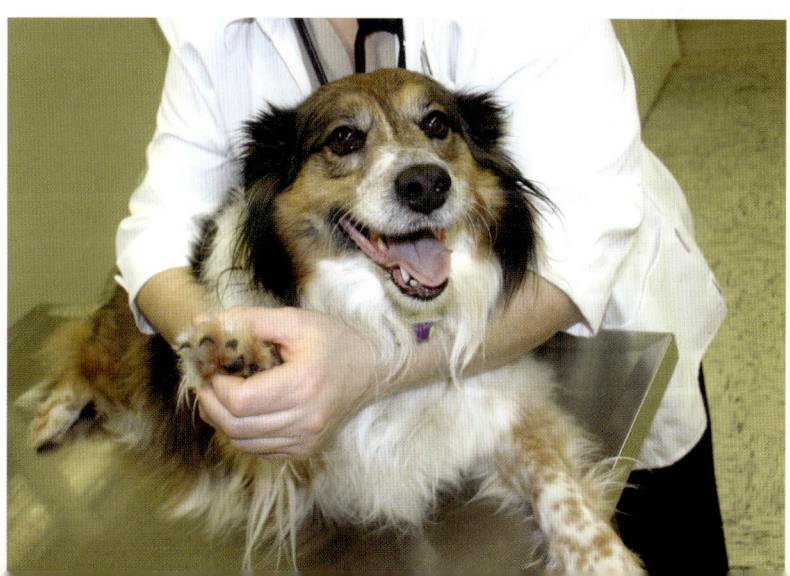

Nahrungsergänzungsmittel

Ob es notwendig ist, einem Hund zur normalen Ernährung zusätzlich Vitamine, Mineralien oder andere Nahrungsergänzungsmittel zu verabreichen, gehört zu den meistdiskutierten Fragen in der Hundehaltung, auch unter Experten.

Oft wird behauptet, dass ein Hund, der ausgewogen ernährt wird, keine zusätzlichen Stoffe benötigt. Somit stellt sich bereits die nächste Frage, denn es besteht wohl kaum ein Zweifel, dass beim Großteil der kommerziell erzeugten Hundenahrung während der Verarbeitung viele ursprüngliche Vitamine und Mineralien verloren gehen, sodass es angemessen scheint, Nahrungsergänzungsmittel zu füttern, wenn sich der Hund ausschließlich von diesem Futter ernährt. Andere wiederum sind der Meinung, dass eine allumfassende Nahrungsergänzung für jeden Hund günstig ist und dass bestimmte Zusätze bei langfristigen chronischen Problemen helfen können. Das Problem bei diesem Argument ist, dass die Bedürfnisse von Hunden im Hinblick auf Vitamine und Mineralien anders sind als jene des Menschen. Hunde sollten daher keine Nahrungsergänzungsmittel für Menschen zu sich nehmen – zu viel Vitamin D kann beispielsweise gefährlich für Hunde sein, da die »nötige« Dosis für einen Hund weit geringer ist als für einen Menschen.

Nahrungsergänzungsmittel für Hunde werden massiv beworben und ohne Kontrolle verkauft, sodass Besitzer den Erzeugern vertrauen müssen. Wenn Sie meinen, dass ein Ergänzungsmittel Ihrem Hund gut tun könnte, fragen Sie vorher Ihren Tierarzt und wählen Sie nur bekannte Marken.

Links: **Wenn Ihr Hund jung und stark ist und ausgewogen ernährt wird, ist es nicht nötig, ihm Nahrungsergänzungsmittel zu geben.**

ARTHRITIS

Arthritis kommt häufig bei älteren Hunden und besonders bei größeren Rassen vor. Eines der wenigen Nahrungsergänzungsmittel, dessen Wirksamkeit allgemein anerkannt ist, ist eine Mischung aus Glucosamin und Chondroitin, die in den letzten 20 Jahren erfolgreich gegen Gelenkbeschwerden eingesetzt wurde.

Arthritis entsteht durch die Zerstörung der Knorpel in den Gelenken und kann extreme Schmerzen verursachen. Glucosamin und Chondroitin sind von Natur aus im Körper von Hunden vorhanden, aber ältere Hunde können mitunter Glucosamin nicht mehr in ausreichender Menge erzeugen. Als Nahrungsergänzung verabreicht, hilft Glucosamin dem Körper, die Knorpel auf natürliche Weise zu ersetzen, während Chondroitin gegen einige Enzyme wirkt, die ebenso von Natur aus im Körper vorhanden sind und die Zerstörung der Knorpel vorantreiben.

In Kombination und in der richtigen Dosierung können sie bei älteren Hunden für mehr Beweglichkeit sorgen. Wenn Sie also einen älteren Hund haben, dessen Gelenke steif wirken, der nur schwer aufsteht und der Gelenkschmerzen zu haben scheint, fragen Sie Ihren Tierarzt, ob Glucosamin als Nahrungsergänzungsmittel eventuell Abhilfe schaffen könnte.

TABLETTEN

Wenn Ihr Tierarzt auch der Meinung ist, dass eine Nahrungsergänzung vorteilhaft sein könnte, muss Ihr Hund sie auch einnehmen. Dasselbe gilt für Tabletten im Allgemeinen.

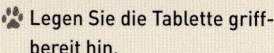

CHECKLISTE
Tabletteneinnahme

- Legen Sie die Tablette griffbereit hin.
- Rufen Sie Ihren Hund und befehlen Sie ihm, sich neben Sie zu setzen.
- Legen Sie Ihre linke Hand auf die Oberseite des Mauls und fassen Sie mit den Fingern und dem Daumen den Oberkiefer. Drücken Sie leicht und ziehen Sie den Kopf leicht nach oben. Sein Maul öffnet sich etwas.
- Nehmen Sie die Tablette zwischen Zeigefinger und Daumen der rechten Hand, ziehen Sie den Unterkiefer mit einem freien Finger leicht nach unten und stecken Sie die Tablette so weit wie möglich ins Maul des Hundes.
- Drücken Sie mit Ihrer linken Hand leicht nach unten und mit der rechten nach oben, bis sich das Maul schließt. Halten Sie seine Schnauze leicht nach unten, bis er schluckt.

Manche Hunde schlucken Tabletten auf Befehl hinunter, andere nehmen sie bereitwillig ein, wenn sie in einem Stück Fleisch oder Leckerchen versteckt sind, und manche verweigern die Einnahme, besonders wenn die Tablette nur ohne sonstige Nahrung verabreicht werden darf. Wenn Sie aber ruhig und bestimmt sind, wird Ihr Hund die Tablette ohne viel Aufhebens einnehmen (siehe oben).

Parasiten

Die meisten Hunde haben irgendwann in ihrem Leben Parasiten. Als verantwortungsvoller Hundebesitzer sollten Sie Probleme so rasch wie möglich erkennen und bestimmte Vorkehrungen treffen, damit sie erst gar nicht entstehen.

PARASITEN AM KÖRPER

Wenn Sie Ihren Hund regelmäßig kämmen, werden Sie erste Anzeichen von Parasiten früh genug erkennen. Zu den häufigsten Parasiten zählen Flöhe und Zecken. Was Flöhe anbelangt, ist die Prävention leichter als die Behandlung: Eine monatliche Kur (in Form von Tabletten oder als Tinktur, die direkt auf die Haut im Nacken des Hundes aufgetragen wird) ist beim Tierarzt erhältlich und kann bei regelmäßiger Anwendung einen Befall verhindern. Die vom Tierarzt empfohlenen Mittel sind am wirksamsten, Mittel aus der Tierhandlung zeigen oft nur wenig Wirkung.

Links: Flöhe sind keine Seltenheit; die Behandlung muss gründlich erfolgen, damit sie erfolgreich ist.

Wenn Sie vermuten, dass Ihr Hund Flöhe hat (das offensichtlichste Symptom ist ständiges Kratzen), kämmen Sie sorgfältig einen Teil seines Fells entweder am Nacken oder am Schwanzansatz und breiten Sie die Haare auf einem feuchten Küchentuch aus. Flohkot sind als schwarze Punkte zu erkennen, die sich bei Nässe rot färben. Bei einem akuten Befall müssen Sie auch das gesamte Umfeld des Hundes behandeln. Reinigen Sie daher alle Kissen und besprühen Sie Teppiche und Polstermöbel.

Zecken gehören zu den Spinnentieren. Sie saugen nicht nur Blut, sondern übertragen auch Krankheiten wie Borreliose, eine ernste bakterielle Erkrankung, die unter anderem zu Arthritis bei Hunden und Menschen führen kann. Zecken sind winzig, wenn sie den Hund befallen – oft weniger als einen Millimeter groß –, aber wenn sie Blut saugen, schwellen sie an und lassen sich fallen, sobald sie vollgesogen sind. Sie werden eine Zecke meist vorher entdecken, weil eine vollgesogene Zecke die Größe einer Erbse erreicht und daher beim

Links: **Externe Parasiten können durch regelmäßiges Baden und lokale Behandlung bekämpft werden.**

Streicheln spürbar ist. Wenn Ihr Hund viel durch dichtes Unterholz oder langes Gras läuft, untersuchen Sie ihn alle paar Tage auf Zecken und vergessen Sie dabei nicht schwer erreichbare Stellen wie die Zehenzwischenräume oder die Unterseite des Schwanzes.

Einige Flohmittel wirken auch gegen Zecken – fragen Sie Ihren Tierarzt danach. Zecken müssen vorsichtig entfernt werden. Mit einer engen Zange können Sie sie am Kopf fassen. Ziehen Sie kräftig, aber langsam, bis sich die Zecke löst, und geben Sie ein Antiseptikum auf die Stelle. Wenn Sie nur einen Teil der Zecke entfernen und der Kopf in der Haut stecken bleibt, kann es zu einer Infektion kommen.

Seltener sind Milben, von denen es verschiedene Arten gibt. Manche können beim Hund Räude hervorrufen, die meisten verursachen unter anderem starken Juckreiz und können vom Tierarzt sofort diagnostiziert und behandelt werden. Eine häufige Art befällt die Ohren von Hunden (siehe Seite 169).

PARASITEN IM KÖRPER

Hunde können von Würmern befallen werden, die meist durch den Mund, gelegentlich aber auch durch das Herumschnüffeln an etwas, das mit aktiven Larven befallen ist, aufgenommen werden. Einige Arten von Würmern sind gefährlicher als andere und auch wenn ein Befall schwer zu vermeiden ist, so ist die Behandlung doch relativ einfach. Schwere Wurmerkrankungen können zu dauerhaften Magenproblemen und einer allgemeinen Beeinträchtigung führen. Die Wurmbehandlung muss regelmäßig erfolgen (bei Hunden meist monatlich), da es keine langfristige Behandlung gibt.

Zu den häufigsten Schädlingen gehören Spulwürmer. Welpen werden meist damit geboren (sie können von der Mutter übertragen werden). Wenn der Welpe ordentlich gepflegt und gut gefüttert wird, werden sie während des Heranwachsens auf eine vernachlässigbare Zahl reduziert. Laut einigen Tierärzten sollten Welpen trotzdem mit zwei bis drei Wochen zum ersten Mal entwurmt werden.

Gefährlicher (und seltener) sind Peitschen- und Hakenwürmer, die im Darm des Hundes leben.

Bandwürmer treten besonders häufig auf, wenn ein Hund vorher Flöhe hatte – einige Arten von Bandwurmeiern werden durch Flöhe übertragen und Hunde können sie schlucken. Nach der Diagnose ist eine Behandlung kein Problem.

Gesundheits-
pflege

Der Großteil der Gesundheitspflege Ihres Hundes sollte vom Tierarzt oder auf sein Anraten durchgeführt werden. Es gibt jedoch ein paar grundlegende Checks, die Sie selbst zu Hause machen können, damit Probleme rechtzeitig erkannt werden.

Untersuchen Sie Ihren Hund regelmäßig gründlich, damit Sie etwaige Veränderungen leichter erkennen – etwa Beulen, die vorher nicht da waren, schlechten Atem sowie Schnitte oder Schürfwunden an Füßen und Ballen, die Probleme verursachen könnten. Je mehr Ihr Hund an diese Checks gewöhnt ist, desto weniger Aufheben wird er darum machen.

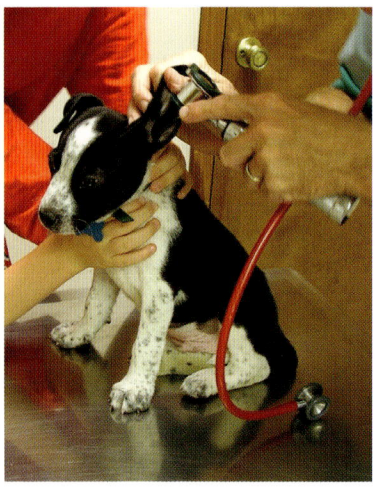

ZAHNPFLEGE
Idealerweise sollten Sie die Zähne Ihres Hundes täglich putzen. Zwar ist es nicht immer möglich, ein erwachsenes Tier daran zu gewöhnen (und es ist nicht ratsam, es bei einem furchtsamen Neuankömmling aus dem Tierheim zu probieren), Sie sollten es bei einem Welpen oder fügsamen Hund jedoch als tägliche Routine einrichten. So lassen sich nicht nur Zahnfleischerkrankungen und kostspielige Zahnsteinentfernungen beim Tierarzt vermeiden, sondern Sie werden auch mit dem Maul Ihres Hundes vertraut, sodass Sie später Probleme leichter entdecken können.

Es gibt verschiedene Zahnbürstenmodelle für Hunde, darunter auch elektrische Bürsten, aber die gängigste Art kann man einfach auf den Finger stecken, sodass man leicht alle Bereiche inklusive Backenzähne erreicht. Verwenden Sie Zahnpasta für Hunde, jene für Menschen ist für Hunde nicht geeignet. Sie können aus diversen

Links: **Ausfluss im Ohr Ihres Hundes sollte vom Tierarzt untersucht und behandelt werden.**

Geschmacksrichtungen wie Rind oder Huhn wählen.

Reiben Sie zuerst ein wenig Paste auf das Zahnfleisch. Während er sie abschleckt, können Sie einfach das ganze Gebiss bürsten. Backenzähne nicht vergessen! Wenn Sie Ihrem Hund die Zähne nicht bürsten können, stellen Sie sicher, dass er viel kaut – auf Spielzeug wie Gummi-Kongs oder Rinderhautknochen. So lässt sich Zahnstein verhindern.

OHRENPFLEGE

Die Untersuchung der Ohren eines Hundes ist einfach. Schauen Sie bei gutem Licht in die Ohrmuscheln. Das Ohr sollte rosafarben und sauber sein und keinen Ausfluss aufweisen. Wenn es mit dunklem Ohrenschmalz verstopft ist oder Ausfluss sichtbar ist, kann das mehrere Ursachen haben – Ohrmilben, eingeschlossene Grassamen oder eine Infektion – und Sie sollten Ihren Hund zum Tierarzt bringen. Er kann tiefer ins Ohr hineinsehen, eine Diagnose stellen und eine Behandlung verordnen. Untersuchen Sie die Ohren jedes Mal, wenn Sie Ihren Hund bürsten, sodass Sie Pro-

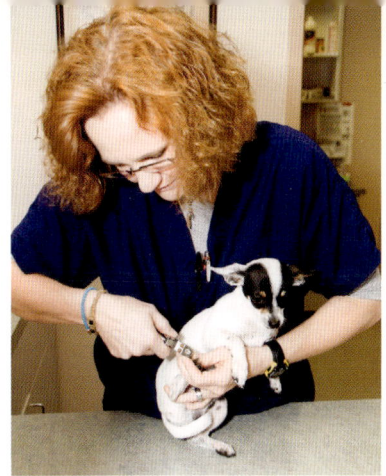

Oben: **Wenn die Krallen über die Zehen hinausstehen, müssen sie gekürzt werden.**

bleme früh genug entdecken. Bohren Sie nie in den Ohren herum, sondern untersuchen Sie sie nur optisch.

NÄGELSCHNEIDEN

Auch das Nägelschneiden können Sie selbst erledigen, sofern Ihr Hund daran gewöhnt ist. Wenn er viel auf hartem Untergrund geht, ist es womöglich gar nicht nötig. Bei Hunden, die viel auf weichem Boden unterwegs sind, ist es aber unerlässlich, sobald die Krallen über die Zehen hinausstehen und den Boden vor den Ballen berühren.

Halten Sie die Pfote des Hundes sanft mit einer Hand fest und schneiden Sie jeden Nagel mit einer Nagelzange. Wenn Ihr Hund helle Nägel hat, können Sie den Verlauf der Blutgefäße im Inneren des Nagels deutlich erkennen. Auf dunklen Nägeln sind die Blutgefäße nicht gut sichtbar, achten Sie daher darauf, dass Sie nicht zu viel wegschneiden.

WARNUNG

Das empfindliche Nagelbett kann versehentlich beim Schneiden verletzt werden und stark bluten. Halten Sie immer blutstillenden Puder bereit, den Sie in Tierhandlungen oder beim Tierarzt bekommen. Geben Sie etwas Pulver auf die Kralle. Das wirkt nicht nur antibakteriell, sondern stoppt auch die Blutung.

Komplementärmedizin

Ganzheitliche Heilmethoden wie Akupunktur und Kräuterkunde finden nicht nur bei der Behandlung von Menschen, sondern auch bei Tieren immer häufiger Anwendung.

WAS IST GANZHEITSMEDIZIN?

In der westlichen Welt vertrauen die meisten Menschen bei der Behandlung von gesundheitlichen Problemen in erster Linie auf die Schulmedizin. Das Grundprinzip dahinter ist die Behandlung von Krankheitssymptomen. Dem gegenüber steht die Ganzheitsmedizin, auch Komplementär- oder Alternativmedizin genannt, die zahlreiche verschiedene Disziplinen umfasst, die ver-

einfach gesagt davon ausgehen, dass das Problem an der Wurzel behandelt werden muss und nicht die Symptome, die die Schulmedizin mit Medikamenten zu unterdrücken versucht.

Heute sind die meisten Disziplinen, die bei der medizinischen Behandlung von Menschen eingesetzt werden, auch für Hunde verfügbar. Es gibt Experten für Homöopathie, Kräuterkunde, Akupunktur, Chiropraktik, Osteopathie etc. speziell für Hunde und es gibt auch allgemeine ganzheitliche Mediziner, die nach ganzheitlichen Prinzipien arbeiten bzw. Sie an Spezialisten überweisen können.

Wenn Sie bisher stets bei einem herkömmlichen Tierarzt in Behandlung waren, mag die Idee einer ganzheitlichen Behandlung ungewohnt scheinen, aber Sie können beruhigt sein, die Prinzipien hinter den Behandlungen sind gut erprobt und die behandelnden Ärzte sind meist bestens qualifiziert.

Links: **Experten für Pflanzenheilkunde verwenden häufig dieselben Heilpflanzen für Mensch und Hund wie etwa Ginkgo.**

Zu diesem Thema gibt es viel einschlägige Literatur auf dem Markt. Wenn Sie Interesse an Ganzheitsmedizin haben, lesen Sie sich in die Thematik ein, damit Sie sich selbst ein Bild von den angebotenen Behandlungen machen können, die für Ihren Hund das Richtige sein könnten.

Viele Ganzheitsmediziner weisen immer wieder darauf hin, dass die Therapien eine Weile benötigen können, bis sie tatsächlich anschlagen und dass manchmal ein wenig Experimentieren nötig ist, bevor die Behandlung greift.

Anhänger der Komplementärmedizin sind der Meinung, dass Nebenwirkungen wie bei vielen herkömmlichen medikamentösen Behandlungen wegfallen. Wenn Sie bei Ihrem Hund Alternativmedizin ausprobieren wollen, können Ihnen die meisten Schulmediziner eine Überweisung geben. Bedenken Sie aber, dass nicht alle ganzheitlichen Behandlungen in Kombination miteinander angewendet werden dürfen. Häufig werden Sie dazu aufgefordert, auf andere Behandlungen (wie verschriebene Medikamente) für die Dauer der Behandlung zu verzichten.

Auf den folgenden Seiten erhalten Sie einen kurzen Überblick über die am weitesten verbreiteten Möglichkeiten ganzheitlicher Behandlungen für Hunde. Die Angaben sind nicht vollständig, sie werden Ihnen aber einen Einblick in die verfügbare Bandbreite geben und die Grundprinzipien der einzelnen Methoden kurz vorstellen.

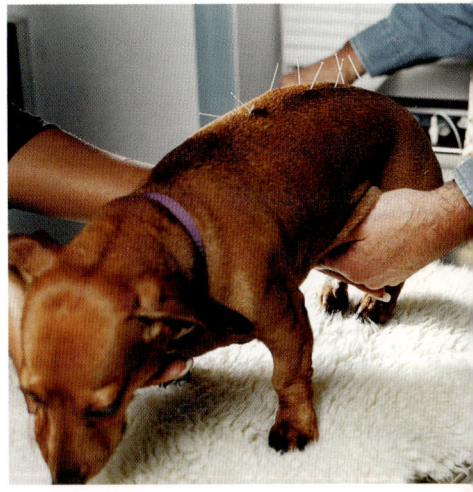

Oben: **Ein Spezialist für Akupunktur, Chiropraktik oder Osteopathie untersucht Ihren Hund vor der Behandlung.**

CHIROPRAKTIK UND OSTEOPATHIE

Chiropraktik basiert auf dem Prinzip, dass Fehlausrichtungen im Bewegungsapparat des Körpers, vor allem in der Wirbelsäule, das Nervensystem beeinträchtigen und sich als Gesundheitsprobleme zeigen. Zur Behandlung gehört die Manipulation der Rückenwirbel, bis sie ihren einstigen Bewegungsradius erreichen.

Osteopathie wird bei Hunden für viele Beschwerden von Hüftdysplasie bis zu Epilepsie eingesetzt. Sie ist auch eine Manipulationstherapie, aber die Bewegungen sind variantenreicher und reichen von massageähnlichen Bewegungen der Weichteile bis hin zum »Einrenken« der Gelenke. Sie wird oft nach Operationen eingesetzt bzw. bei Arbeitshunden mit Verspannungen und bei allgemeinen Erkrankungen wie Arthritis.

PFLANZENHEILKUNDE

Wie ihr Name bereits sagt, beinhaltet Pflanzenheilkunde die Verwendung von Pflanzen bei der Behandlung von Krankheiten. Obwohl viele Medikamente der Schulmedizin ihren Ursprung in der Pflanzenheilkunde haben, sind Spezialisten dieser Heilkunde der Ansicht, dass Pflanzen in einem natürlicheren Zustand am besten geeignet und am effizientesten sind. Einige von ihnen sind Verfechter der traditionellen westlichen Kräuterheilkunde, während sich andere auf chinesische Medizin spezialisieren.

Beide haben ihre Anhänger, obwohl sie sich stark voneinander unterscheiden.

Pflanzenheilkunde wird für jedes erdenkliche Problem bei Hunden eingesetzt und oft in Kombination mit anderen natürlichen Therapien verschrieben. Im Zusammenhang mit Kräutern darf man »natürlich« nicht mit »sanft« verwechseln. Viele davon sind hochwirksam und die Behandlungen sollten immer von einem Fachmann oder einem ausgebildeten Kräutermediziner verschrieben werden, der die Wirkungen kennt und genau weiß, ob sich eine bestimmte Kräutertherapie mit einer anderen Behandlung verträgt.

HOMÖOPATHIE

Die Homöopathie entstand im Deutschland des frühen 19. Jahrhunderts. Sie basiert auf dem Prinzip, dass das Zuführen einer geringen Menge jener Substanz, die dieselbe Wirkung hat wie jene, die den Körper krank macht, den Heilungsprozess im Körper anregt. Homöopathische Arzneien enthalten verschwindend kleine Mengen dieser auslösenden Substanzen und sollen den Körper dabei unterstützen, seine Selbstheilungskräfte zu mobilisieren.

Links: **Viele Hunde genießen eine sanfte Massage, besonders wenn sie an Arthritis leiden. Spezialisten bieten eigene Kurse für Hundemassagen an.**

Viele kritische Stimmen, denen zufolge die Wirksamkeit beim Menschen vielmehr darauf beruht, dass der Patient daran glauben möchte, wurden durch die häufig erfolgreiche homöopathische Behandlung von Hunden und Pferden eines Besseren belehrt.

AKUPUNKTUR UND AKUPRESSUR

Akupunktur ist eine sehr alte Disziplin und ein wichtiger Bestandteil der chinesischen Medizin. Bei der Akupunktur werden sehr feine Nadeln in die Haut getrieben und bei der Akupressur wird Druck über die Fingerspitzen ausgeübt. Auf diese Weise soll der Energiefluss durch die Bahnen im Körper (Meridiane) stimuliert bzw. in Ordnung gebracht werden.

Die Behandlung von Hunden hat eine lange Geschichte und Spezialisten setzen Akupunktur und Akupressur für verschiedene Beschwerden wie Hautprobleme oder Verdauungsbeschwerden ein. Es gibt zahlreiche ergänzende Behandlungsformen wie die Moxibustion, bei der Kräuter in der Nähe des kritischen Punkts auf dem behandelten Energiemeridian verbrannt werden, sowie die Verwendung von Ultraschall, um den Energiefluss freizugeben.

Zum Erstaunen ihrer Besitzer lassen viele Hunde die Behandlung mit Akupunkturnadeln ruhig über sich ergehen und sind regelrecht entspannt. Die meisten Akupunkteure benötigen für die Heilung von bestimmten Beschwerden zwei bis drei Behandlungen.

FALLBEISPIEL
Hautprobleme

Ted, ein siebenjähriger Terrier, hatte jedes Jahr zwischen Mai und September eine schlimme Hautallergie mit starkem Juckreiz. Sein Tierarzt verschrieb ihm Corticosteroide, als er zwei Jahre alt war, und seitdem musste er jeden Sommer Tabletten einnehmen.

Seine Besitzerin Clara war beunruhigt, die Tabletten wirkten zwar, aber eine Freundin hatte sie auf die möglichen Nebenwirkungen der Steroide aufmerksam gemacht. Sie war erschrocken, als sie erfuhr, dass die Steroide für verschiedene Beschwerden bei Hunden fortgeschrittenen Alters verantwortlich waren, wie etwa Nierenversagen oder Rheumatismus. Sie konsultierte Ihren Tierarzt und bat um eine Überweisung zu einem Ganzheitsmediziner. Die Behandlung wirkte nicht sofort: Mehrere homöopathische Kuren schienen wirkungslos. Aber durch Ausprobieren über mehrere Monate hinweg, eine Nahrungsumstellung und mehrere Akupunkturbehandlungen verbesserte sich Teds Zustand allmählich. Heute bringt ihn Clara jedes Jahr vor Beginn der neuen Allergiesaison für zwei Sitzungen zur Akupunktur und Ted muss keine Steroide mehr nehmen.

Verhaltens-probleme

Es wurde bereits mehrmals darauf hingewiesen, dass es in bestimmten Fällen besser ist, einen Experten zu Rate zu ziehen. Seine Hilfe kann von unschätzbarem Wert sein, wenn Ihr Hund Auffälligkeiten zeigt, mit denen Sie sich überfordert fühlen.

VERHALTENSBERATER

Obwohl es viele Hundetrainer gibt, die mithilfe vielfältiger Ansätze arbeiten, wurden die Begriffe »Verhaltenstherapie« und »Verhaltensforscher« noch bis vor 15 bis 20 Jahren außerhalb von Fachkreisen kaum verwendet.

Heute sind einige der Experten, die Besitzern von Problemhunden mit Rat und Tat zur Seite stehen, sowohl Verhaltensberater als auch Hundetrainer. Manche haben Tiermedizin und Verhaltensforschung studiert. Sie beschäftigen sich intensiv mit dem natürlichen Verhalten von Hunden und damit, wie sich dieses auf das Leben bei Ihnen zu Hause abstimmen lässt.

Verhaltensberater tragen zur besseren Beziehung zwischen Besitzer und Hund bei, da sie erkannte Verhaltensmuster erklären und verändern können.

Am besten erkundigen Sie sich bei Ihrem Tierarzt oder bei einem anerkannten Verband oder Verein über Expertenlisten (siehe Seite 189). Oft kann ein verhaltenstherapeutisch tätiger Tierarzt bei der Lösung des Problems helfen.

Wenn Sie keinen anerkannten Verhaltensberater ausfindig machen können, wählen Sie einen Trainer, der sich mit Verhaltensforschung auskennt und diese ins Training einfließen lässt.

Holen Sie bei der Suche möglichst viele Erkundigungen ein. Wenn Ihnen das Verhalten Ihres Hundes bereits Sorgen bereitet, müssen Sie sicher sein, dass Ihnen die richtige Person mit Rat und Tat zur Seite steht.

Unten: **Verhaltensprobleme beschränken sich nicht nur auf größere Rassen. Auch kleine Hund machen mitunter Probleme.**

WO LIEGT DAS PROBLEM?

Woran erkennen Sie, dass Ihr Hund ein problematisches Verhalten zeigt? Manche Schwierigkeiten sind eindeutig: Wenn Ihr Hund anderen Hunden gegenüber aggressiv ist; wenn er sich Menschen gegenüber zurückhaltend oder bedrohlich zeigt; wenn er übertrieben ängstlich ist oder unter Trennungsangst leidet; wenn er bei jedem lauten Geräusch ängstlich wird … All diese Faktoren beeinträchtigen den Alltag von Ihnen beiden, also holen Sie sich Hilfe.

Bei kleineren Problemen wie gelegentlichem Ziehen an der Leine, Ablehnung anderer Hunde oder Scheuheit bei Fremden fragen Sie sich wohl: Sind das einfach nur Macken oder Probleme, die einer Lösung bedürfen?

Generell gilt: Wenn Sie es als Problem empfinden, dann ist es eines.

Oben: **Schießt Ihr Hund beim Spielen übers Ziel hinaus, kann das andere Hunde verschrecken.**

Doch das »Problem« kann auch gut auf einem Missverständnis beruhen. Vielleicht hat Ihr Hund noch nicht begriffen, was Sie von ihm wollen, oder er sieht einfach keinen Vorteil darin, Ihnen zu gehorchen.

Wenn Ihr Hund das menschliche Verhalten nicht zu deuten vermag, könnte das die Wurzel des Problems sein. Meist lassen sich diese Missverständnisse relativ schnell aus der Welt schaffen, da Ihnen ein Experte anhand der »Sprache« Ihres Hundes erklären kann, wie Sie Ihrem Hund das gewünschte Verhalten verdeutlichen und schmackhaft machen können (sei es mit Leckerchen, Spielen oder schlicht Aufmerksamkeit).

BESCHÄFTIGUNG MIT DEM PROBLEM

Sie können einen Experten konsultieren und zugleich auch selbst zur Lösung beitragen. Der Trainer wird Sie zunächst eingehend zu Ihrem Hund und dem Problem befragen (Vergangenheit, allgemeiner Gesundheitszustand, Verhalten als Welpe etc.). Mitunter werden Sie auch gebeten, ein wiederkehrendes Fehlverhalten zu filmen. Stellen Sie sich im Voraus selbst ein paar Fragen. Indem Sie darüber nachdenken, wann und unter welchen Umständen das Problem erstmals auftrat, finden Sie vielleicht Anregungen für eine Lösung.

TREFFEN MIT DEM EXPERTEN

Wenn Sie sich mit einem Hundeerzieher oder Verhaltensberater treffen, wird er sich ein genaues Bild von Ihrem Hund machen wollen. Oft verlangt er auch eine körperliche Untersuchung, besonders wenn das Verhalten untypisch für Ihren Hund scheint. Einige körperliche Erkrankungen können sich als Verhaltensprobleme

CHECKLISTE
Analyse von Verhaltensproblemen

Stellen Sie sich folgende Fragen:

🐾 Ist das Problem einmalig oder gehört es zu einem Muster? Wenn Ihr Hund zum Beispiel gewöhnlich anderen Hunden mit nervösem Blick und aufgestellten Haaren begegnet und nun einen anderen Hund gebissen hat, ist dies die Fortsetzung eines bestehenden Verhaltens und kein einmaliger Vorfall.

🐾 Ist Ihr Hund generell entspannt/nervös/frech oder selbstsicher? Warum denken Sie so über ihn?

🐾 Welche Vergangenheit hat Ihr Hund? Haben Sie ihn als Welpen oder erwachsenes Tier bekommen? Wie viel wissen Sie über seine Eltern? Wenn er aus dem Tierheim stammt, wie viel wussten die Betreuer über seine Vergangenheit?

🐾 Wie reagieren Sie, wenn Ihr Hund nervös oder defensiv wirkt? Sprechen Sie zum Beispiel mit ihm, führen Sie ihn an der Leine weg oder befehlen Sie ihm »Sitz«?

Links: **Hundetrainer kann nichts überraschen: Die meisten haben Erfahrung mit der gesamten Palette von Trennungsangst bis Aggression oder Scheu.**

Oben: **Vergewissern Sie sich, ob ein Problem auch wirklich eines ist.** Obwohl es bei diesen Hunden ganz schön wild zugeht, spricht alles an ihrer Körpersprache dafür, dass die beiden Spaß miteinander haben.

manifestieren. Eine Schilddrüsenerkrankung etwa kann als Aggression zutage treten.

Lässt sich eine körperliches Störung ausschließen, wird der Trainer Ihren Hund einige Zeit beobachten wollen und wahrscheinlich versuchen, eine Situation zu schaffen, in der er das Problem miterleben kann, sei es nun Aggression zwischen Hunden oder Nervosität bei der Anwesenheit von Menschen. Lassen Sie sich dadurch nicht beunruhigen; nur so findet der Trainer heraus, was in Ihrem Hund vorgeht. Wenn es ein Problem gibt, liegt es am Trainer, damit richtig umzugehen.

Nach der Beobachtung werden Sie eine Rückmeldung vom Trainer erhalten, wo seiner Meinung nach das Problem liegt, was es verursacht und wie man es lösen kann. Meist erfolgt mindestens ein weiterer Besuch, um zu sehen, wie es läuft.

Wie Ihr Hund jung bleibt

Jeder Hund kommt früher oder später in die Jahre. Die Geschwindigkeit des Alterungsprozesses und die Nebenerscheinungen des Alterns hängen stark von der allgemeinen Konstitution und der Rasse des Hundes ab.

Als eine der ersten Alterserscheinungen reduzieren sich seine Fähigkeiten und seine Energie. Hunde, die sonst nur so vor Elan strotzten, zeigen plötzlich weniger Begeisterung für körperliche Betätigung.

Das tritt nicht bei allen Rassen in gleicher Weise zutage – so wie die Lebenserwartung großer Hunde generell kürzer ist, beginnen sie auch früher zu altern. Eine Rasse mit einer Lebenserwartung von neun bis zehn Jahren kann beispielsweise mit sechs bis sieben Jahren zu altern beginnen, während Hunde mit höherer Lebenserwartung von etwa 15 Jahren erst mit 10 oder 11 zu altern beginnen. Manchmal machen sich erste kleine Anzeichen des Alterns ähnlich wie beim Menschen bemerkbar. Die Schnauze des Hundes ergraut langsam, er steht behäbiger da und zeigt weniger »Schwung« in seinem Gang.

SO HALTEN SIE EINEN ÄLTEREN HUND AKTIV

Bloß weil Ihr Hund älter wird, bedeutet das nicht, dass er mit dem Lernen aufhören sollte. Lassen Sie ihn bei körperlicher Betätigung das Tempo bestimmen, aber probieren Sie neue Möglichkeiten der körperlichen und geistigen Stimulation aus. Hunde können bis ans Lebensende spielen und Sie können bestimmte Spiele jeweils an seine körperliche Konstitution anpassen. Wenn Ihr Hund nicht mehr so wendig ist, um nach einem Ball zu springen, suchen Sie andere Spiele, die ihm Freude bereiten. Ganz entgegen dem Sprichwort kann man einem

Links: **Wenn ein Hund genügend Ruhepausen hat, kann er bis ins hohe Alter aktiv und verspielt bleiben.**

Rechts: **Wenn Sie sich einen jungen Hund nach Hause holen, sorgen Sie dafür, dass er Ihren alten Hund nicht belästigt – Sie müssen der Beziehung zwischen den beiden genügend Aufmerksamkeit widmen.**

alten Hund sehr wohl neue Tricks beibringen. Sie können auch anstrengende Aktivitäten durch Aufgaben ersetzen, die seinen Geist fit halten – auch ältere Hunde lieben es, nach verstecktem Spielzeug zu suchen oder Verstecken zu spielen.

Wenn Ihr Hund eine Wasserratte ist, ist Schwimmen auch bei leichter Arthritis kein Problem, da das Wasser sein Gewicht trägt. Sie sollten jedoch besonders vorsichtig sein, in welchem Wasser Ihr Hund badet: Starke Strömungen können für ältere Hunde gefährlich sein.

EIN ZWEITER HUND

Viele Besitzer entscheiden sich dafür, sich ein junges Tier anzuschaffen, wenn ihr Hund langsam älter wird. Die Überlegungen dahinter reichen von »Es wird den anderen Hund jung halten« bis »Es wird weniger wehtun, wenn er nicht mehr da ist.«

Es mag zwar manchmal stimmen, dass ein neuer Kamerad ein willkommener Spielgefährte für ein älteres

Tier ist, doch Sie sollten Ihr Vorhaben gut überlegen. Es ist oft unfair, einen Hund, dessen Kräfte langsam schwinden, vor neue Herausforderungen zu stellen, indem man ihm einen ungestümen Welpen vorsetzt.

Sie werden Zeit und Energie benötigen, um beiden Tieren die richtige Führung angedeihen zu lassen, damit beide wissen, dass Sie den Ton angeben. Wenn Sie es sich mit Ihrem Hund schon gemütlich in der Mitte des Lebens eingerichtet haben, kann ein zusätzlicher Faktor den friedlichen Status quo gehörig auf den Kopf stellen. Damit sollten Sie rechnen und das sollten Sie auch wirklich wollen.

Wenn Sie sich nach reichlicher Überlegung für die Anschaffung eines jüngeren Hundes entscheiden, müssen Sie dem älteren Tier Vorrechte einräumen – etwa ein Bett in der Nähe der Heizung oder dass er seine Mahlzeiten in einer bestimmten Ecke bekommt. Er soll keinen offensichtlichen Statusverlust durch den zweiten Hund erleiden.

Spezielle Ernährung

Hunde können aus unterschiedlichen Gründen eine spezielle Ernährung benötigen. Die Bedürfnisse des Hundes können sich mit zunehmendem Alter verändern oder sein gesundheitlicher Zustand erfordert eine Nahrungsergänzung oder Diät.

Aus welchen Gründen auch immer müssen Sie die Ernährung Ihres Hundes möglicherweise an einem bestimmten Punkt umstellen.

Wenn Sie die Mahlzeiten für Ihr Tier selbst zubereiten, wird sich nicht allzu viel ändern, da Sie seine individuellen Bedürfnisse bereits berücksichtigen. Aber auch wenn Sie nicht für ihn kochen, gibt es viele Markennahrungsmittel, die den speziellen Ernährungsbedürfnissen von Hunden Rechnung tragen, wie etwa Trockenfutter für ältere Hunde bis hin zu

Nahrung für Hunde mit Zahnproblemen oder Nierenerkrankungen.

Den größten Gefallen, den Sie Ihrem alternden Hund tun können, ist, auf sein Gewicht zu achten. Wenn sich Ihr Hund im Alter oder aus anderen Gründen weniger bewegt, sollte er auch weniger zu fressen bekommen.

ERNÄHRUNG FÜR ÄLTERE HUNDE

Bis vor Kurzem nahm man an, dass Hunde ab einem gewissen Alter automatisch auf »Seniorennahrung« umgestellt werden sollten. Mittlerweile hat sich diese Ansicht geändert. »Seniorennahrung« ist Futter, das mehr Ballaststoffe und weniger Kalorien bzw. ein Drittel weniger Fett als normales Futter enthält. Es wird vom Tierarzt meist nur für jene Hunde empfohlen, die abnehmen müssen oder an Verstopfung oder Diabetes leiden. Wenn Ihr Hund älter wird, wird es umso wichtiger, dass er hochwertiges

Links: **Gegen Fettleibigkeit bei älteren Hunden gibt es ein Rezept – Sie haben seine Ernährung in der Hand!**

WARNUNG: ÜBERMÄSSIGER DURST

Falls Ihr Hund plötzlich mehr Wasser als sonst trinkt, kann das auf ein Problem hindeuten. Die Menge, die ein Hund üblicherweise zu sich nimmt, variiert von Tier zu Tier, aber wenn es viel mehr als üblich ist, sollten Sie der Ursache auf den Grund gehen. Natürlich trinken Hunde bei Hitze mehr und wenn Ihr Hund mit Corticosteroiden behandelt wird, kann er mehr Hunger und Durst haben. Treffen diese Faktoren nicht zu, können Diabetes und Nierenerkrankungen bis hin zum Cushing-Syndrom (verursacht durch ein Ungleichgewicht von Hormonen, die in der Nebenniere produziert werden) die Ursache sein. Wenn Ihr Hund also ohne Grund mehr Durst zu haben scheint, sollten Sie Ihren Tierarzt aufsuchen.

Futter bekommt, dessen Nährstoffe er leicht aufnehmen kann. Billigprodukte werben oft damit, dass sie Proteine, Kohlenhydrate und Fette in einem idealen Verhältnis enthalten. Aber sie werden meist in nur schwer verdaulicher Form angeboten (einige der Proteinquellen sind mitunter Federn und Fell in pulverisierter Form und nicht das schmackhafte Rind- oder Hühnerfleisch, das auf der Verpackung abgebildet ist). Wenn Sie die Mahlzeiten nicht selbst zubereiten, sollten Sie, sofern es Ihr Geldbeutel erlaubt, nur Qualitätsmarken wählen. Befragen Sie Ihren Tierarzt oder recherchieren Sie in Diskussionsforen im Internet, was in den einzelnen Marken enthalten ist – so erhalten Sie genauere Informationen über die Nahrung.

Bestimmte gesundheitliche Beschwerden erfordern möglicherweise eine Nahrungsumstellung. Raffinierte Kohlenhydrate erhöhen zum Beispiel das Risiko, an Diabetes zu erkranken. Achten Sie bei Hunden mit Diabetes auf eine ballaststoffreiche Ernährung. Ähnlich muss die Ernährung auch bei Allergien

Oben: **Ein älterer Hund braucht die eine oder andere Nahrungsumstellung, um gesund zu bleiben.**

umgestellt werden. Wenn Ihr Hund ernsthaft krank ist, wird fast immer eine Umstellung oder Ergänzung der Ernährung, mitunter auch in Form von Nahrungsergänzungsmitteln, nötig sein. Sie sollten seinen Ernährungsplan jedoch auf jeden Fall mit dem Tierarzt absprechen.

Ein alter Hund

Wenn Ihr Hund alt ist – wir sprechen von einem Alter von acht bis vierzehn Jahren –, müssen Sie sich viel mehr um ihn kümmern als früher. Nun heißt es, ihn für all die Freude, die er Ihnen bereitet hat, zu entlohnen.

GESUNDHEITSCHECKS

Mit zunehmendem Alter werden Besuche beim Tierarzt wohl zunehmen, auch wenn der allgemeine Zustand Ihres Hundes gut ist. Die meisten Tierärzte empfehlen alle sechs Monate einen Besuch, da kleinere Wehwehchen bei einem älteren Hund häufiger auftreten.

Sie selbst sind jedoch am besten in der Lage, die Gesundheit Ihres Hundes im Auge zu behalten. Verges-

Unten: **Achten Sie darauf, dass die Schlafunterlage Ihres Hundes ordentlich gepolstert ist, um seine Gelenke zu schonen.**

sen Sie nicht die regelmäßige Pflege: So fühlt sich nicht nur Ihr Hund wohl, sondern Sie entdecken auch rechtzeitig etwaige Veränderungen am Körper Ihres Lieblings, die auf größere Beschwerden hindeuten können.

BEHAGLICHKEIT FÜR IHREN HUND

Wenn Ihr Hund gerne berührt wird, können Sie ein paar Massagetechniken erlernen. Eine Massage bei steifen Gliedern und Schmerzen kann wahre Wunder bewirken und viele Hunde genießen sie in vollen Zügen. Es gibt

viele Bücher zu diesem Thema oder Sie können sich bei einem Masseur Tipps holen.

Rechnen Sie damit, dass Ihr Hund zunehmend Bewegungsprobleme haben wird. Vielleicht müssen Sie ihm ins oder aus dem Auto helfen (oder sich bei größeren Rassen eine Rampe zulegen, sodass er nicht springen muss). Zu Hause sollte sein Schlaf- und Ruheplatz warm oder kühl genug sein, da er im Alter sensibler auf Temperaturen reagiert. Auch wenn er bisher gewohnt war, auf hartem Untergrund zu liegen, wird er sich nun sicher über eine gepolsterte Unterlage freuen. Besorgen Sie einen weichen Korb mit einer dicken Polsterung oder legen Sie einen harten Korb weich aus. So hat er es schön bequem und wird es Ihnen danken, besonders wenn er an Arthritis leidet.

CHECKLISTE
Worauf Sie achten sollten

Wenn Sie einen älteren Hund pflegen, achten Sie auf folgende Punkte und weisen Sie Ihren Tierarzt auf auffällige Veränderungen hin:

🐾 Die Zähne sollten sauber sein und nicht zu viel Plaque aufweisen, der Atem sollte frisch riechen. Zahnfleischerkrankungen sind bei älteren Hunden nicht selten und können zu Zahnausfall führen. Sie können auch auf ernstere Erkrankungen hindeuten. Untersuchen Sie das Maul beim Zähneputzen, suchen Sie nach wunden Stellen und Geschwüren und prüfen Sie auch die Zähne selbst.

🐾 Die Pfoten sollten sauber sein, die Ballen elastisch aussehen und die Krallen die richtige Länge haben. Ballen können bei älteren Hunden dicker werden, was für die Hunde unangenehm sein kann. Man kann sie mit speziellen Pflegemitteln vom Tierarzt behandeln. Wenn Ihr Hund weniger geht, müssen seine Nägel vielleicht gestutzt werden.

🐾 Schauen Sie, ob Ihr Hund an den Ellbogen harte Haut hat. Das ist nicht unbedingt schmerzhaft, aber auch hier halten Pflegemittel die Haut geschmeidig.

🐾 Untersuchen Sie beim Bürsten den ganzen Körper auf Geschwülste und Beulen. Bei älteren Hunden können sich fast an jeder Stelle des Körpers harmlose Zysten oder Fettbeulen bilden. Obwohl die meisten gutartig sind, sollten Sie sie vom Tierarzt ansehen lassen.

🐾 Prüfen Sie sein Fell. Glänzendes Fell kann im Alter stumpf und dünn werden. Öl als Nahrungsergänzung kann Abhilfe schaffen, konsultieren Sie jedoch Ihren Tierarzt, bevor Sie eines in der Tierhandlung kaufen. Die Qualität von Nahrungsergänzungsmitteln kann enorm schwanken.

Sehr alte oder kranke Hunde

Das letzte oder die letzten beiden Lebensjahre eines Hundes können seinem Besitzer einiges abverlangen. Es ist schwer, einem heißgeliebten Tier beim Altern zuzusehen, aber man kann ihm seinen Lebensabend angenehm gestalten.

EIN WACHSAMES AUGE HABEN

Um sicherzustellen, dass ein alter Hund sein Leben tatsächlich noch genießt, muss man ihn gut beobachten. Als er noch stark und fit war, mussten Sie nicht ständig hinter ihm her sein, aber jetzt müssen Sie viel besser auf ihn Acht geben. Gewissermaßen ist es dasselbe wie in der Zeit, als er noch ein Welpe war:

Wahrscheinlich muss er häufiger nach draußen, damit keine Missgeschicke passieren (sehr alten Hunden passiert ab und zu ein Missgeschick, da ihnen ihr Harndrang einen Streich spielt); wahrscheinlich schläft er auch mehr und ist weniger aufmerksam.

Suchen Sie nach Möglichkeiten, wie Sie Ihrem Hund den Alltag erleichtern können. Wenn er früher die Abende neben Ihnen auf der Couch verbracht hat und sich nun in seinen Korb zurückzieht, helfen Sie ihm auf seinen Stammplatz – sein verändertes Verhalten bedeutet vielleicht nur, dass er nicht mehr springen kann. Ein Hund, der früher gerne an Knochen gekaut hat, kann dies vielleicht nicht mehr, aber nagt gerne an etwas Weichem (in Tierhandlungen werden verschiedene Kausticks für ältere Hunde angeboten).

Es ist viel leichter für ihn, wenn seine Umgebung und seine Aktivitäten weitgehend vertraut bleiben:

Links: **Mit etwas Pflege und Aufmerksamkeit können auch ältere Hunde ihren Lebensabend genießen. Für Sie bedeutet das mitunter aber mehr Aufwand.**

Halten Sie seinen Ruheplatz so sauber wie bisher und behalten Sie seine tägliche Routine weitestgehend bei. Zum Spielen können Sie einfach einen Tennisball langsam zu seiner Schnauze rollen und ihn dazu auffordern, ihn zurückzuschubsen, denn auch das kann ihm großen Spaß bereiten.

Achten Sie auch auf Verhaltensänderungen. Wenn Sie ihn regelmäßig pflegen (siehe Seiten 182–183), sollten Sie offensichtliche Veränderungen des Körpers nicht ignorieren. Änderungen seines Wesens sind häufig weniger augenscheinlich. Ältere Hunde können zum Beispiel verwirrt scheinen.

Das kann mehrere Ursachen haben: Taubheit kann dazu führen, dass er leicht erschrickt, ebenso wie eine beginnende Erblindung. Andere Anzeichen wie extreme Angst, langes Starren in die Ferne und offensichtliches Ignorieren von Ihnen kann auf mehrere Beschwerden hindeuten. Alte Hunde leiden manchmal an geriatrischen Verhaltensstörungen, auch als »Hundealzheimer« bekannt, da ähnliche Symptome wie bei Menschen mit Alzheimer auftreten. Die Krankheit kann nicht geheilt werden, jedoch mildern bei richtiger Diagnose die Medikamente einige der Symptome.

Informieren Sie immer Ihren Tierarzt über deutliche Veränderungen im Verhalten Ihres Tieres und achten Sie darauf, dass Sie möglichst genau beschreiben können, was Sie meinen, damit Ihr Tierarzt eine genaue Diagnose stellen und die richtige Behandlung verordnen kann.

Oben: **Selbst wenn sie beim Ein- und Aussteigen Hilfe brauchen – auch alte Hunde lieben Autofahrten.**

WENN DAS ENDE NAHT

Egal ob Ihr Hund alt und schwach oder unheilbar krank ist, es kommt der Zeitpunkt, ab dem sich sein Zustand nicht mehr verbessert. Das bedeutet, dass Sie nicht mehr versuchen sollten, ihn zu heilen. Sie können seinen Lebensabend mit sämtlichen Mitteln, von Schmerzmitteln bis hin zu Besuchen seiner zwei- und vierbeinigen Freunde, so angenehm wie möglich gestalten.

Ob dieser Zustand Monate oder, wie es häufiger der Fall ist, ein bis zwei Wochen andauert, nehmen Sie sich Zeit für Ihren Hund und machen Sie ein paar Erinnerungsfotos. Bitten Sie den Tierarzt um eine ehrliche Einschätzung des Zustands Ihres Hundes, damit Sie Maßnahmen ergreifen können, wenn ihm kein angenehmes Leben mehr geboten werden kann.

Abschied nehmen

Heute sterben die meisten Haustiere nicht eines natürlichen Todes, sondern werden friedlich eingeschläfert. Für viele Besitzer ist es schwierig zu entscheiden, wann der richtige Zeitpunkt ist, einen alternden und kranken Hund gehen zu lassen.

DER RICHTIGE ZEITPUNKT

Ist Ihr Hund bereits sehr krank, wird Ihnen der Tierarzt raten, ihn gehen zu lassen. Wenn er noch in guter Verfassung, aber alt und kränklich ist, liegt die Entscheidung bei Ihnen. Wenn er keine starken Schmerzen hat, Sie jedoch das Gefühl haben, dass die Zeit langsam naht, sollten Sie Ihre Entscheidung in Ruhe überdenken. Wenn Sie feststellen, dass seine Lebensqualität so eingeschränkt ist, dass Sie handeln müssen, gehen Sie die Checkliste durch, damit Sie wirklich sicher sind.

Die meisten Tierärzte kommen auch ins Haus, um den Hund einzuschläfern. So ist Ihr Tier in seiner gewohnten Umgebung und Sie müssen ihn nicht transportieren oder stören. Möglicherweise ist der Ablauf so auch für Sie selbst weniger belastend.

Wenn Sie einen Termin in der Praxis des Tierarztes vereinbaren, wird er möglicherweise eine ruhigere Tageszeit vorschlagen, damit Sie nicht lange warten müssen. Der Ablauf ist ganz einfach: Der Tierarzt verabreicht Ihrem Hund eine Spritze (davor manchmal ein Beruhigungsmittel) und kurz darauf hört das Herz Ihres Tieres auf zu schlagen. Man wird Sie fragen, ob Sie in diesem Moment bei Ihrem Hund sein möchten. Das ist Ihre persönliche Entscheidung, aber die

Links: Einen alten Freund gehen zu lassen, ist nie einfach. Bewahren Sie Fotos und Erinnerungsstücke auf, die Sie an die schöne Zeit mit Ihrem Liebling erinnern.

meisten Menschen wünschen sich, in den letzten Minuten ihrem Hund ganz nah zu sein.

Nach dem Tod des Tieres sollten Sie sich selbst etwas Zeit lassen, bevor Sie überlegen, sich einen neuen Hund anzuschaffen. Sonst könnte es sein, dass Sie nach einem Abbild Ihres alten Hundes suchen: Viel besser ist es, einen neuen Hund wegen seiner eigenen Persönlichkeit zu lieben.

Wenn Sie Ihren Hund mehrere Jahre hatten, überlegen Sie, ob sich Ihre Umstände mittlerweile geändert haben, was Sie dem neuen Hund bieten können bzw. was Sie sich von ihm wünschen, bevor Sie sich für ein neues Tier entscheiden.

CHECKLISTE
Bevor Sie Abschied nehmen

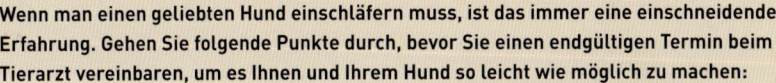

Wenn man einen geliebten Hund einschläfern muss, ist das immer eine einschneidende Erfahrung. Gehen Sie folgende Punkte durch, bevor Sie einen endgültigen Termin beim Tierarzt vereinbaren, um es Ihnen und Ihrem Hund so leicht wie möglich zu machen:

- Entscheiden Sie, wo Ihr Hund eingeschläfert werden soll.
- Bereiten Sie eine Decke oder einen Teppich vor, auf dem Ihr Hund liegen kann und in den Sie seinen Körper wickeln können.
- Zahlen Sie den Tierarzt entweder im Voraus oder bitten Sie ihn, mit der Rechnung etwas zu warten – seien Sie nicht unvorbereitet auf die Gefühle, die unmittelbar nach dem Tod des Tieres über Sie hereinbrechen werden.
- Wenn Ihr Hund zu Hause eingeschläfert werden soll, überlegen Sie, wo er sich am wohlsten fühlen wird. Sein Bett, sein Lieblingsstuhl oder ein Plätzchen im Garten an einem warmen Tag sind auf jeden Fall angemessen.
- Überlegen Sie, ob Sie Ihren Hund beerdigen möchten, oder fragen Sie den Tierarzt nach einer Feuerbestattung (und überlegen Sie, ob die Asche verstreut oder beigesetzt werden soll).
- Wenn Sie sich für einen Hausbesuch entschieden haben, überlegen Sie, ob Sie nachher noch eine Weile bei Ihrem Hund verbringen möchten, und vereinbaren Sie im Vorfeld, was danach geschehen soll. Möglicherweise helfen Ihnen ein paar Stunden bei Ihrem verstorbenen Gefährten dabei, sich an den Gedanken zu gewöhnen, dass er nun für immer gegangen ist. Menschen, die noch weitere Hunde haben, denken oft, dass es den anderen Tieren leichter fallen wird, den Tod ihres Kameraden zu begreifen, wenn sie den leblosen Körper sehen. Die Reaktion eines Hundes auf den Tod ist aber unvorhersehbar: Einige reagieren ernst und voller Respekt, andere behandeln den toten Hund als Gegenstand und scheinen ihn nicht als ihren ehemaligen Gefährten zu erkennen.

Weiterführende Literatur

Es gibt eine Riesenauswahl an Büchern zu allen möglichen Themen, von Hundeverhalten über effektives Training bis zu alternativen Heilmethoden. Hier sind einige der besten angeführt.

Abrantes, Roger: Hundeverhalten von A-Z: Mimik und Körpersprache, Verhalten und Verständigung, Lautäußerungen und Kommunikation. Stuttgart: Kosmos. 2005

Coren, Stanley: Die Intelligenz der Hunde. Reinbek: Rowohlt Verlag. 1997

Coren, Stanely: Wie Hunde denken und fühlen: Die Welt aus Hundesicht: So lernen und kommunizieren Hunde. Stuttgart: Kosmos. 2002

Csányi, Vilmos: Wenn Hunde sprechen könnten...: Verstand und Verstandesleistung von Hunden. Nerdlen/Daun: Kynos Verlag. 2007

Dodman, Nicholas: Wer ist hier der Boss?. Hamburg: Hoffmann und Campe. 1998

Fennell, Jan: Mit Hunden sprechen. Berlin: Ullstein Buchverlage. 2003

Fogle, Bruce: Kompakt&Visuell Hunde: Entwicklungsgeschichte. Rassen. Verhalten. Pflege. Erziehung. München: Dorling Kindersley. 2007

Fogle, Bruce/ Taylor, David: Das große Praxisbuch Hunde. München: Dorling Kindersley. 2007

McConnell, Patricia B.: Liebst du mich auch?: Die Gefühlswelt bei Mensch und Hund. Nerdlen/Daun: Kynos Verlag. 2008

McConnell, Patricia B./ London, Karen B.: Einmal Meutechef und zurück: Mit mehreren Hunden leben. Nerdlen/Daun: Kynos Verlag. 2008

McConnell, Patricia B./ Moore, Aimee M.: Die Hundegrundschule: Ein Sechs-Wochen-Lernprogramm. Nerdlen/Daun: Kynos Verlag. 2008

McConnell, Patricia B./London, Karen B.: Spielend Freunde werden: Richtiges Spiel für Hund und Mensch. Nerdlen/Daun: Kynos Verlag. 2009

McConnell, Patricia B.: Das andere Ende der Leine: Was unseren Umgang mit Hunden bestimmt. München: Piper Verlag, 2010

Milani, Myrna M.: Die unsichtbare Leine: Ein besserer Weg zum Verständnis Deines Hundes! Nerdlen/Daun: Kynos Verlag. 1988

Quast, Carolin: Homöopathische Konstitutionsmittel für Hunde. Stuttgart: Sonntag. 2001

Rugaas, Turid: Calming Signals – Die Beschwichtigungssignale der Hunde. Bernau: Animal Learn Verlag. 2001

Nützliche Kontakte

Im Folgenden sind die Websites der wichtigsten Stellen für Tierschutz, Agility und Gesundheit sowie ein paar allgemeine Seiten für Hundeliebhaber angeführt.

DEUTSCHLAND:

BHV (BERUFSVER-BAND DER HUNDEER-ZIEHER/INNEN UND VERHALTENSBERATER/INNEN E.V.)
Auf der Lind 3
65529 Waldems-Esch
Deutschland
Tel.: +49-69-93 99 63 96
www.bhv-net.de

DEUTSCHER HUNDE-SPORTVERBAND E.V.
Ennertsweg 51
58675 Hemer
Deutschland
Tel.: +49-2372-55598-0
www.dhv-hundesport.de

INTERESSENGEMEIN-SCHAFT UNABHÄNGIGER HUNDESCHULEN E.V.
Winsener Str. 1
24568 Oersdorf
Deutschland
Tel.: +49-4191-8 90 89
www.ig-hundeschulen.de

VERBAND FÜR DAS DEUTSCHE HUNDE-WESEN (VDH) E. V
Westfalendamm 174
44141 Dortmund
Deutschland
Tel.: +49-231-5 65 00-0
www.vdh.de

DEUTSCHER TIER-SCHUTZBUND E.V.
Baumschulallee 15
53115 Bonn
Deutschland
Tel.: +49-228-60 49 6-0
www.tierschutzbund.de

TASSO E.V.
Frankfurter Str. 20
65795 Hattersheim
Deutschland
Tel.: +49-6190-93 73 00
www.tasso.net

DEUTSCHER VERBAND DER GEBRAUCHSHUND-SPORTVEREINE E.V.
Ennertsweg 51
58675 Hemer
Deutschland
Tel.: +49-2372-55598-0
www.dvg-hundesport.de/dvg/home/dvg.html

BUNDESVERBAND PRAKTIZIERENDER TIERÄRZTE E.V.
Hahnstraße 70
60528 Frankfurt am Main
Deutschland
Tel.: +49-69-669818-0
www.tieraerzteverband.de

ÖSTERREICH:

ÖSTERREICHISCHER KYNOLOGENVERBAND (ÖKV)
Siegfried Marcus-Str. 7
2362 Biedermannsdorf
Österreich
Tel.: +43-2236-710 667
www.oekv.at

ÖSTERREICHISCHER TIERSCHUTZVEREIN
Berlagasse 36
1210 Wien
Österreich
Tel.: +43-1-897 33 46
www.tierschutzverein.at

SCHWEIZ:

TIERSCHUTZBUND
Schulhausstrasse 27
8600 Dübendorf
Schweiz
Tel.: +41-44-482 65 73
www.tierschutzbund-zuerich.ch

SCHWEIZERISCHE KYNOLOGISCHE GESELLSCHAFT (SKG)
Brunnmattstrasse 24
3007 Bern
Schweiz
Tel.: +41-31-306 62 62
www.skg.ch/

Register

Die Autorin

Sophie Collins ist Schriftstellerin und Redakteurin mit Schwerpunkt auf Hundeverhalten. Von ihr bereits geschriebene Bücher sind *Schwanzwedeln: Hundesprache auf einen Blick* und *Tricks für verspielte Hunde.*

Bildnachweis

Getty Images/Suzanne Opton: 171or; **Ivan Hissey**: 13, 20, 23, 24, 25, 27; **iStockphoto**: Alle anderen Abbildungen; **The Ivy Press**: 101; Photos.com: 138; **Nick Ridley Photography**: 26ur, 70ur, 71or, 114, 123u, 125, 127, 128u, 130o, 132u, 133u, 134u, 135ul, 136ul, 148ul, 172u, 185or.

DORLING KINDERSLEY
London, New York, Melbourne, München und Delhi

Produziert von Ivy Contract

Für die deutsche Ausgabe:
Programmleitung Monika Schlitzer
Projektbetreuung Manuela Stern
Herstellungsleitung Dorothee Whittaker
Herstellung Anna Strommer

Bibliografische Information
Der Deutschen Bibliothek
Die Deutsche Bibliothek verzeichnet diese
Publikation in der Deutschen Nationalbibliografie;
detaillierte bibliografische Daten sind im
Internet über http://dnb.ddb.de abrufbar.

Titel der englischen Originalausgabe:
The Dogcare Handbook

© Quercus Publishing Plc, 2010
21 Bloomsbury Square
London
WC1A 2NS

© der deutschsprachigen Ausgabe
by Dorling Kindersley Verlag GmbH,
München, 2011
Alle deutschsprachigen Rechte vorbehalten

Übersetzung Barbara Knesl, Wien
Produktion Print Company Verlagsges.
m.b.H. Wien

Published by arrangement with Quercus
Publishing PLC (UK)

ISBN 978-3-8310-1829-1

Printed and bound in China by MIDAS

Besuchen Sie uns im Internet
www.dorlingkindersley.de

Hinweis
Die Informationen und Ratschläge in diesem Buch sind von den Autoren und vom Verlag sorgfältig erwogen und geprüft, dennoch kann eine Garantie nicht übernommen werden. Eine Haftung der Autoren bzw. des Verlags und seiner Beauftragten für Personen-, Sach- und Vermögensschäden ist ausgeschlossen.